खेळणीच खेळणी

डी. एस. इटोकर

D.T.C., A.M.

राज्य पुरस्कार व कै. काकासाहेब दांडेकर
कॅम्लीन सर्वोत्तम कलाशिक्षक
प्रथम क्रमांक प्राप्त कलाशिक्षक

मेहता पब्लिशिंग हाऊस

KHELANICH KHELANI by D.S. ITOKAR

खेळणीच खेळणी : डी. एस. इटोकर / विज्ञान प्रयोग

Email : author@mehtapublishinghouse.com

© डी. एस. इटोकर

प्रकाशक   : सुनील अनिल मेहता, मेहता पब्लिशिंग हाऊस,
               १९४१ सदाशिव पेठ, माडीवाले कॉलनी, पुणे – ४११०३०.

अक्षरजुळणी : एच्. एम्. टाइपसेटर्स, ११२०, सदाशिव पेठ, पुणे – ४११०३०.

मुखपृष्ठ   : बाबू उडुपी

प्रकाशनकाल : जानेवारी, २००५ / ऑक्टोबर, २००६ / मार्च, २०१० /
               फेब्रुवारी, २०१३ / पुनर्मुद्रण : एप्रिल, २०१६

P Book ISBN 9788177665260

E Book ISBN 9789387319691

E Books available on : play.google.com/store/books
                       www.amazon.in
                       https://books.apple.com

दोन शब्द

'खेळ खेळणे' हा लहान मुलांचा स्थायीभाव आहे. अगदी रांगायला लागल्यापासून मूल खेळत असते. नवीन नवीन वस्तू हाताळत असते. त्यांचा आकार, रंग याने ते आकर्षित होत असते. नवीन वस्तू हाताळताना आपल्या ज्ञानात भर घालत असते. कोणती वस्तू खडबडीत, कोणती गुळगुळीत, कोणती थंड तर कोणती गरम असे निरनिराळे अनुभव घेत असते. थोडे वय वाढल्यानंतर आकाराची ओळख होऊ लागते, ज्या वस्तू सहज उपलब्ध होत नाहीत किंवा हाताळण्यास मिळतच नाहीत अशा वस्तूंविषयी जिज्ञासा उत्पन्न होते. उदा. विमान, आगबोट, आगगाडी, मोटारगाडी ह्या गोष्टी फक्त दिसतात पण हाताळता येत नाहीत. अशा वेळी त्यांना ह्या वस्तूंच्या छोट्या प्रतिकृती खेळण्यास द्याव्या लागतात. अशा प्रतिकृती देण्यातूनच खेळण्याचा जन्म झाला असेल असे म्हटल्यास वावगे होणार नाही.

आपल्यातला 'मी' जपण्यासाठी मुलांना काहीतरी करावेसे वाटते. मी हे केले, मी अमुक वस्तू तयार केली असे सांगताना छोट्या मुलांना अभिमान वाटत असतो आणि दुसऱ्यांनी कौतुक केले म्हणजे त्यांना आनंद होत असतो. ह्यातूनच त्यांची 'सृजनशीलता' विकसित होत असते.

'खेळणीच खेळणी' ह्या पुस्तकातून लहान मुलांच्या अंगी असलेल्या सृजनशीलतेला दिशा दाखविण्याचा प्रयत्न केला आहे. कागद, पुठ्ठे, बांबूच्या कमट्या, थर्माकोलचे तुकडे अशा अल्पमोली वस्तू जमा करून त्यापासून खेळणी तयार कशी करावयाची याची माहिती आकृतीसहित दिल्यामुळे लहान मुलांना स्वत: खेळणी तयार करता येतील आणि रिकाम्या वेळेचा सदुपयोग सुद्धा होईल.

'हस्तव्यवसाय' हा विषय शिकविणाऱ्या शिक्षकांना सुद्धा एक संदर्भ ग्रंथ म्हणून या पुस्तकाचा नक्कीच उपयोग होईल.

प्रत्येक मुलाच्या अंगी कोणता ना कोणता तरी गुण असतोच. ह्या गुणांना विकसित करण्याचा हा एक प्रयास आहे. हा प्रयास किती सफल झाला आहे, हे आता वाचकांनीच ठरवायचे आहे.

छोट्या मुलांनी स्वत:करिता, मोठ्यांनी लहानांकरिता यातील काही खेळणी अवश्य तयार करून पहावीत व स्वनिर्मितीचा आनंद किती असतो ते अनुभवावे.

मनोगत

विज्ञान विषय हाताळून, पुस्तके लिहून झाल्यावर वाचकांकडून त्याबद्दलचा उत्तम प्रतिसाद पत्राद्वारे मिळाला. मी माझ्या पुस्तकात करावयास सांगितलेले वैज्ञानिक प्रयोग बाल वाचकांना व त्यांच्या पालकांना सुद्धा आवडतात हे वाचून बरे वाटले.

वैज्ञानिक तत्त्व व सिद्धांत थोडे बाजूला ठेवून मुलांच्या सृजनशील अभिव्यक्तीला योग्य वाव देता येईल व मार्ग दाखविता येईल असे एखादे पुस्तक मला लिहिण्यास आग्रह करणारी काही पत्रे आली. त्या दृष्टीने मनात कल्पना घोळू लागल्या व 'खेळणीच खेळणी' हे पुस्तक लिहिले गेले.

पुस्तक लिहिण्यामागचा हेतू स्पष्ट आहे. 'मी हे करू शकतो, मी हे केलेले आहे' ह्या अभिजात प्रवृत्तीला योग्य वाव देवून आत्माविष्कार करण्याची संधी आहे. त्यामुळे मुलांमधील आत्मविश्वास वाढीस लागून अधिक दृढ व्हावा अशी अपेक्षा सुद्धा आहे. सुट्टीचा वेळ सत्कारणी लागावा व आपल्या हातून चांगली कलाकृती निर्माण झाली याचा आनंद त्यांना मिळावा. हस्तव्यवसायाचे एक संदर्भ पुस्तक म्हणून सुद्धा याचा उपयोग होईल असा विश्वास आहे.

आपला
डी. एस्. इटोकर

अनुक्रमणिका

आगपेटीचे घर

आपल्या घरात प्रकाशासाठी वीज असते आणि स्वयंपाकासाठी गॅस असतो. गॅस पेटविण्यासाठी लायटर असतो. त्यामुळे आगपेटीचे काम पडत नाही. एखाद्या वेळी वीज गेली तर मग कुठेतरी पडलेली मेणबत्ती व आगपेटी शोधून काढावी लागते. मेणबत्ती पेटवून उजेड करावा लागतो. अंधारात ही शोधाशोध करण्यात बराच वेळ वाया जातो. म्हणून आगपेटी व मेणबत्ती यांच्यासाठी एक घर तयार करून त्याची निश्चित जागा ठरविल्यास अंधारात शोधणे सोपे होईल.

टॉनिकच्या बाटल्यांना पुठ्ठ्याचे उभट आकाराचे खोके असते. तसे एखादे खोके घ्या. त्याच्या सर्व बाजू फेव्हीकॉलने चिकटवून बंद करा. हे खोके उभे धरा. वरच्या बाजूकडून थोडे अंतर सोडून एक छिद्र पाडा. भिंतीवरील खिळ्यात हे छिद्र अडकवून डबा टांगून ठेवता येईल. ह्याच बाजूकडून वरच्या काठापासून आणि खालच्या काठाकडून २ सें.मी. जागा सोडून मधील भाग कापून काढा. ह्या कापलेल्या भागात ३, ४ आगपेट्या रचून ठेवा व त्यांच्या शेजारी ३, ४ मेणबत्त्या उभ्या ठेवा. हे खोके भिंतीला अडकवा.

खोक्याच्या समोरच्या बाजूला एक आगपेटी फेव्हीकॉलने उभी चिकटवा. पेटी चिकटविल्यावर आगपेटीची वरची बाजू तोडून टाका. त्यामुळे आगकाड्या दिसू लागतील. काम पडेल त्यावेळी त्यातील काडी पटकन काढून त्याच पेटीवर घासून पेटविता येईल व त्या उजेडात खोक्याच्या पाठीमागून मेणबत्ती काढून तीसुद्धा पेटविता येईल.

❖ ❖ ❖

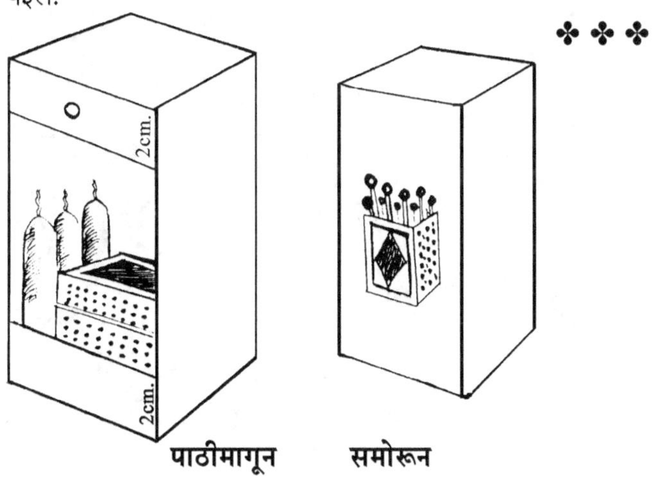

घोडागाडी तयार करणे

घोडागाडी तयार करण्यासाठी, बांबूच्या बारीक कमट्या, सायकलच्या चाकाचा एक स्पोक, पुठ्ठा किंवा थर्माकॉल, साहित्य दोरा असे लागते.

सुरुवातीला चार समान लांबीच्या कमट्यांची टोके एकमेकांना बांधून चौकोन तयार करा. त्या चौकोनाला मध्यभागी स्पोकचा तुकडा आडवा बांधावा. ह्या स्पोकमध्ये गाडीची चाके बसवावी. जाड थर्माकोलपासून दोन गोल चाके कापून घ्यावी. चाके निसटून पडू नये म्हणून ह्यांना बाहेरून इंजेक्शनच्या शिशीचे रबरी बूच बसवावे. दोन लांब कमट्या घेऊन त्या समोरच्या बाजूने बांधाव्या. ह्या दोन कमट्यांच्या मधील जागेत घोडा उभा करावयाचा आहे. धावणाऱ्या घोड्याचे एखादे छापलेले रंगीत चित्र घ्या व त्याला पुठ्ठ्यावर चिकटवा. नंतर आकार कापून घ्या. ह्या घोड्याच्या आकाराला समोरच्या पायाच्या खाली थर्माकोलचे एक चाक बसवा. हा घोडा दोन कमट्यांच्या मध्ये बांधून टाका. अशा प्रकारे ही गाडी तयार झाली. ह्या गाडीला रथाच्या किंवा टांग्याच्या आकाराचे पातळ पुठ्ठ्याचे आकार कापून चिकटवा.

रंगीत कागद लावून गाडी सुशोभित करावी. ही घोडागाडी ओढण्यासाठी घोड्याच्या गळ्यात दोरा बांधावा. दोरा ओढून गाडी सुरू करावी.

✤✤✤

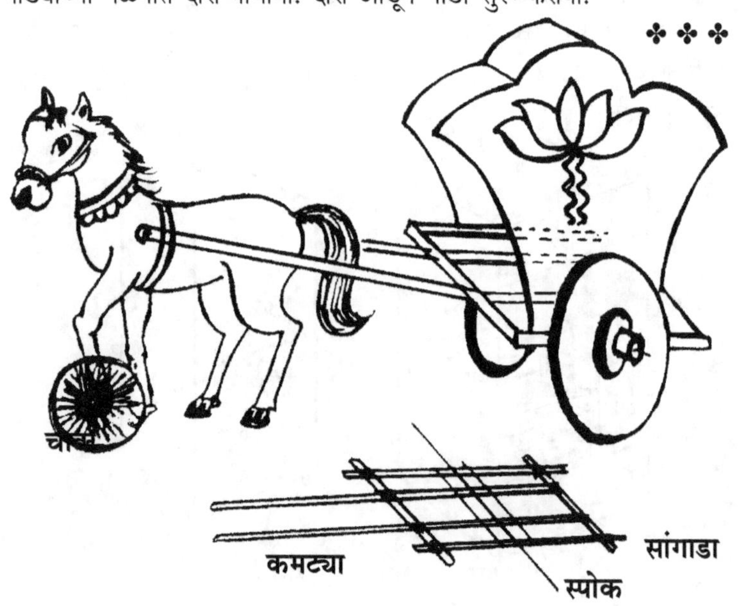

पाळण्यावरील झुंबर

छोटे बाळ पाळण्यात खेळत असताना त्याला बघण्यासाठी हलणारे झुंबर पाळण्यावर टांगून ठेवतात. रिकाम्या आगपेट्यांच्या आतील झाकणापासून सुंदर झुंबर तयार करता येते. ते पाळण्यावर टांगले असता त्याला हवा लागली तर ते छान फिरते.

रिकाम्या आगपेट्या जमा करा. साधारण झुंबर तयार करण्यासाठी बारा किंवा चौदा आगपेट्या हव्यात. आगपेटीचे वरील झाकण काढून टाका. आतील काड्या ठेवण्याचे झाकण घेऊन त्याचे बूड काढून टाका. त्याची फक्त चौकट शिल्लक ठेवा. अशा दोन चौकटी घेऊन त्यांना आकृतीत दाखविल्याप्रमाणे एकात एक बसवा. त्यांना मध्यभागी सुईने छिद्र पाडून दोरा ओवून घ्या. ह्या दोऱ्याचा उपयोग टांगण्यासाठी होईल. तयार झालेल्या आकाराला एक रंग द्या. बाकीच्या चौकटीपासून असेच आकार तयार करा. प्रत्येक आकाराला वेगवेगळा रंग द्या. सर्व आकारांना प्रत्येकी एक-एक दोरा बांधा.

एखाद्या गोल डब्याभोवती जाड तारेचा तुकडा गुंडाळून गोल रिंग तयार करा. रिंगची तार बारीक असेल तर तारेने दोन-तीन वेढे गुंडाळून रिंग तयार करा. डब्याभोवती तयार झालेली रिंग काढून घ्या. ह्या रिंगला समान अंतरावर तीन ठिकाणी सारख्या लांबीचे दोरे बांधा. तिन्ही दोऱ्याची मोकळी टोके एकत्र बांधून त्यांना एक लांब दोरा बांधा. लांब दोरा छताला बांधा. त्यामुळे रिंग आडवी तरंगू लागेल. ह्या रिंगला समान अंतरावर सहा ठिकाणी आपण तयार केलेले चौकटीचे दोरे बांधा. रिंगच्या मध्यभागी सातवा आकार बांधा.

हे तयार झालेले झुंबर पाळण्यावर लटकवा. थोडी जरी हवा आली तरी हे रंगीत आकार गोल गोल फिरतात. बाळ त्या हलत्या आकाराकडे पाहून आनंदी होईल. असेच आकार खिडकीत दोऱ्याने बांधले असता सतत हलत राहतात व त्यामुळे खिडकीची शोभा वाढते.

❖ ❖ ❖

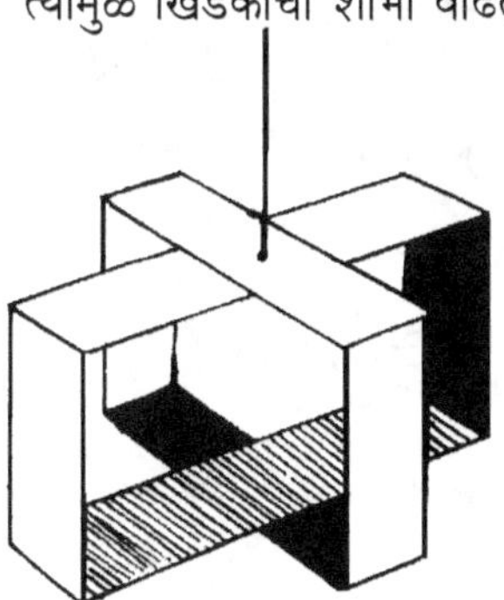

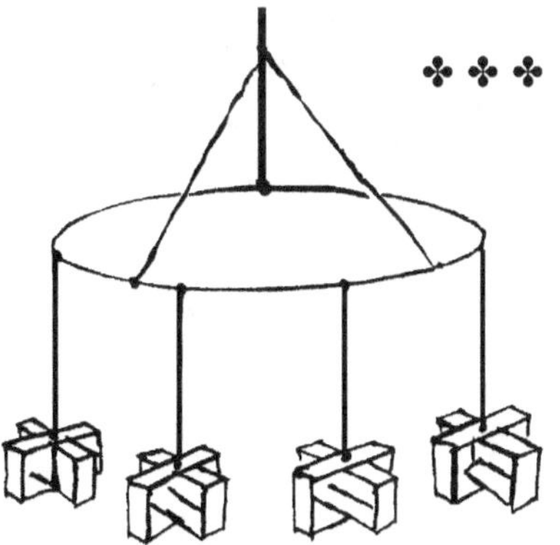

"

छोट्यांची छोटी गाडी

दोन रिकाम्या आगपेट्या किंवा दोन सिगारेटची रिकामी पाकिटे फेव्हीकॉलने एकमेकांवर चिकटविली की, आगगाडीचा डबा तयार होतो. असे अनेक डबे तयार करा. सर्व डब्यांवर लाल रंगाचा घोटीव कागद चिकटवा. त्यावर काळ्या रंगाने चौकोनी खिडक्या रंगवा.

डब्याला चाके लावावयाची आहेत. डब्याच्या रुंदीपेक्षा थोडा जास्त लांबीचा बॉलपेनच्या रिकाम्या कांडीचा तुकडा घ्या. त्याच्या छिद्रात जाड सुई घाला. सुईची टोके नळीच्या बाहेर येतात. दोन्ही टोकात इंजेक्शनच्या शिशीचे एक एक रबरी बूच बसवा. बूचासहित कांडी उचलून डब्याच्या बुडाला चिकटपट्टीने चिकटवून टाका. अशाच प्रकारे दोन चाके डब्याच्या दुसऱ्या टोकाला चिकटवा. अशा रीतीने प्रत्येक डब्याला चार चाके जोडल्या गेली. इतर डब्यांना ह्याच पद्धतीने चाके लावा.

सर्व डबे तयार झाल्यावर ते एकामागे एक असे दोऱ्याने जोडा. इंजिन तयार करण्यासाठी असाच डबा तयार करा. मात्र त्याला सगळीकडून पिवळा कागद लावा. इंजिनाचे धुरांडे म्हणून टूथपेस्टच्या ट्यूबचे झाकण चिकटवा. आगगाडीच्या इंजिनावर असतात तशा रेषा स्केचपेनने माराव्या. ह्या इंजिनाला सर्व डबे जोडा. इंजिन ओढण्यासाठी समोरून जाड दोरा बांधा.

दोरा ओढण्यास सुरुवात करा. तुमची गाडी किती डौलात चालू लागते. पहा!

❧ ❧ ❧

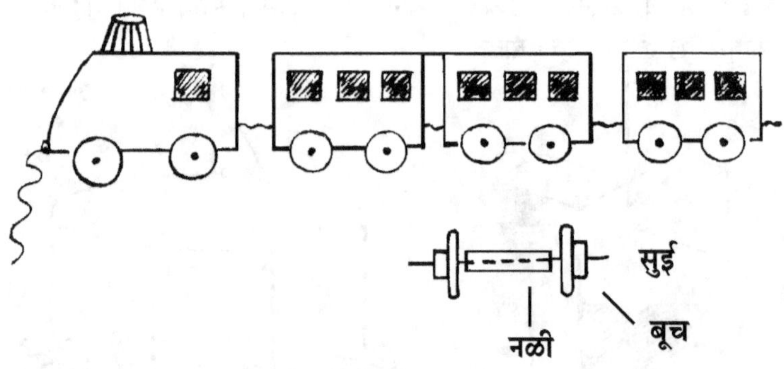

चिमणीचे घर

घराच्या व्हरांड्यात वरच्या कोपऱ्यात, एखाद्या छिद्रात चिमणी आपले घरटे बांधते. हे घरटे कधी कधी सुरक्षित नसते. जोराचा वारा आला तर उडून जाते, कधी जास्त वजन झाल्याने घसरून पडते. तर कधी एखादी मांजर उडी मारून ते उद्ध्वस्त करते. त्यामुळे त्यातील अंडी किंवा पिल्ले खाली पडतात.

चिमणीचे घर सुरक्षित राहावे व तिचे निरीक्षण करता यावे म्हणून आपणच चिमणीसाठी घर तयार करू.

आकृती नं. १ मध्ये दाखविल्याप्रमाणे प्लायवुडपासून हे घर तयार करता येईल. छप्पर म्हणून पत्रा वापरल्यास चालेल. चिमणीला आत जाण्यासाठी समोरच्या बाजूने एक छिद्र पाडावे. हे घर मांजरीपासून सुरक्षित अशा ठिकाणी टांगावे किंवा भिंतीला पक्के करावे. गोल पत्र्याचा डबा वापरून सुद्धा चिमणीचे घर तयार करता येते. ते आकृती नं. २, ३ मध्ये दाखविले आहे. आकृती नं. ४ मध्ये चौकोनी डबा किंवा खोके वापरले आहे. आकृती नं. ५ मध्ये गोल डबा आडवा ठेवून व त्याचा वरील अर्धा भाग कापून टाकून घर बनविले आहे. अशा भागात चिमण्या जास्त शोधाशोध न करता गवत आणून टाकतील व त्यात घरटे तयार करतील. मांजर चढू शकणार नाही व पाऊस व ऊन लागणार नाही अशा ठिकाणी व्हरांड्यात हे घर टांगून ठेवता येईल व त्यात चिमण्या राहायल्या आल्या की, त्यांचे निरीक्षण करून त्यांच्या सवयी, पिलांना खाऊ घालणे ह्या गोष्टी पाहता पाहता तुमच्या ज्ञानात तर भर पडेलच शिवाय वेळ सुद्धा कसा मजेत निघून जाईल.

✤✤✤

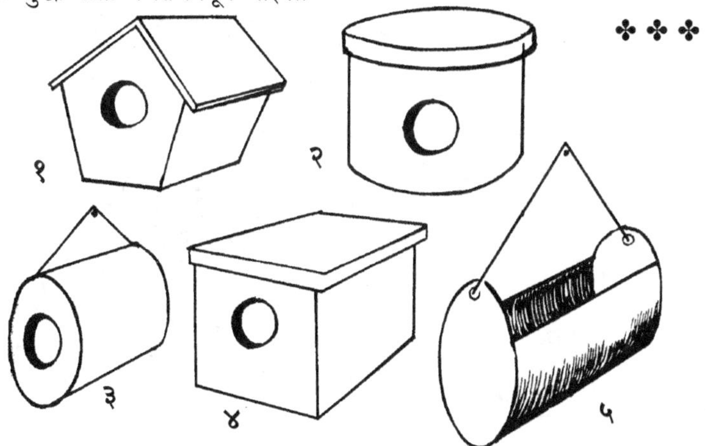

तीन चाकाची गाडी

लहान मुलांना छोट्या-छोट्या वस्तू ठेवून खेळण्यासाठी ही गाडी उपयोगी पडेल. औषधाच्या बाटलीचे पुठ्ठ्याचे रिकामे खोके घ्यावे. त्याच्या सर्व बाजू फेव्हीकॉलने चिकटवून बंद कराव्या. त्याला आडवे ठेवून त्याची वरची बाजू कटरने चौकोनी कापावी. त्यामुळे खोक्याची ट्रॉली तयार होईल. हे खोके मावेल एवढी बांबूच्या कमटीची चौकट तयार करावी. चौकटीला मध्यभागी स्पोकचा तुकडा आडवा बांधावा. यात दोन गोल चाके बसवावयाची आहेत.

चौकटीच्या समोरच्या बाजूला दोन लांब कमट्या बांधाव्या. ह्या दोन कमट्यांच्या मध्ये तिसरे चाक बसवायचे आहे. पुठ्ठ्याचे खोके कमट्याच्या चौकटीवर सुई-दोऱ्याने शिवून पक्के करावे.

जाड पुठ्ठ्यापासून समान आकाराची तीन वर्तुळे कापून घ्यावीत. ह्या तीनही वर्तुळाच्या मध्यबिंदूवर छिद्र पाडावे व त्या छिद्रात बॉलपेनच्या नळीचा तुकडा बसवावा. अशा प्रकारे तीन चाके तयार करावी. स्पोकच्या तुकड्यात दोन चाके बसवावी. तिसरे चाक समोर बसवावे. चाकाच्या मध्यभागी असलेल्या बॉलपेनच्या नळीमुळे गाडीचे चाक डगमग न करता सरळ चालेल. बॉलपेनच्या नळीत स्पोकचा तुकडा जात नसेल तर मग जाड व मोठी सुई आस म्हणून वापरावी. गाडीला ओढण्यासाठी समोरच्या बाजूने दोरा बांधावा. छोट्या-छोट्या बाहुल्या ट्रॉलीत बसवून ही गाडी ओढत नेली की, पहा किती मजा येते.

❖❖❖

चालणारी बाहुली

कमी वेळात सहज तयार होणारे हे खेळणे आहे. सर्व वस्तू घरातच सापडतात.

आकृतीत दाखविल्याप्रमाणे जाड कागदावर चित्र काढून घ्यावे. तसे न जमल्यास पुस्तकातील चित्रावर ट्रेसिंग पेपर ठेवून ट्रेस करून घ्यावे. ट्रेसिंग पेपरवरून जाड कागदावर ट्रेस करून घ्यावे. आकृतीला शोभतील असे रंग स्केचपेनने भरावे.

आकृतीच्या दोन पायाच्या मधोमध तुटक रेषा आहे. त्या रेषेवर कागद कापावा. त्यामुळे चित्राचे दोन पाय एकमेकांपासून सुटे होतील. पायाच्या खालच्या भागाला सारख्या उंचीवर आडवी घडी पाडावी. घडी पाडलेला भाग चित्राच्या मागच्या बाजूकडे दुमडावा. हे चित्र टेबलावर ठेवले असता सरळ उभे राहिले पाहिजे व दुमडलेला भाग टेबलावर सपाट टेकला पाहिजे.

दुमडलेल्या भागावर मागच्या बाजूने एक एक बांबूच्या कमटीचा तुकडा आडवा ठेवावा व त्याला चिकटपट्टीने चिकटवून टाकावे. ही बाहुली चालवताना चालविणाऱ्याने बाहुली टेबलावर ठेवावी व पाठीमागे बसावे. दोन कमट्या दोन हाताने धरून क्रमाने मागे-पुढे कराव्या. एक कमटी पुढे लोटली म्हणजे तो पाय पुढे जाईल. नंतर दुसरी कमटी पुढे लोटावी. अशा प्रकारे बाहुली चालत-चालत पुढे जाईल. ती आपल्याकडे येत आहे, हे पाहून तुमच्या मित्राला नक्कीच मजा वाटेल.

✤✤✤

आंब्याच्या कोयीचा भोवरा

आंब्याच्या कोयी उन्हात वाळवाव्या. चांगल्या फुगलेल्या लांबट आकाराच्या दोन कोयी निवडून घ्याव्यात. कोयीचा बाहेरील तंतूमय वाळलेला भाग दगडावर घासून गुळगुळीत करावा. एका कोयीचे एक निमुळते टोक कापून टाकावे व त्याचे काठ गुळगुळीत करावे. आतील गर काढून टाकावा. ह्या कोयीला समोरच्या बाजूने आकृतीत दाखविल्याप्रमाणे एक गोल छिद्र पाडावे.

दुसरी कोय घेऊन तिला मध्यभागी छिद्र पाडावे. त्या बांबूची गोल कमटी पक्की दाबून बसवावी. ही कमटी पहिल्या कोयीमध्ये उभी ठेवावी. ह्या कमटीला आकृतीत दाखविल्याप्रमाणे बारीक दोरी बांधून ती छिद्रातून बाहेर काढावी. उभ्या कमटींची उंची एवढी ठेवावी की, वरची कोय उभ्या कोयीच्या काठाला घासणार नाही. वरची कोय फिरवून दोरी कमटीला गुंडाळून घ्यावी. पण टोक मात्र बाहेरच ठेवावे.

हा भोवरा फिरविण्याच्या वेळी उभी कोय डाव्या हातात धरावी. उजव्या हाताने दोरी जोराने बाहेर ओढावी. त्यामुळे वरची कोय जोराने फिरेल. पण कोय वेगाने फिरल्यामुळे ती दोरी परत कमटीच्या भोवती गुंडाळली जाईल. पुन्हा तिला जोराने बाहेर ओढावे. हीच क्रिया वारंवार करून वरची कोय सारखी उलटसुलट फिरती ठेवता येईल. अशा प्रकारे बसल्या बसल्या हा भोवरा खेळता येईल.

❧ ❧ ❧

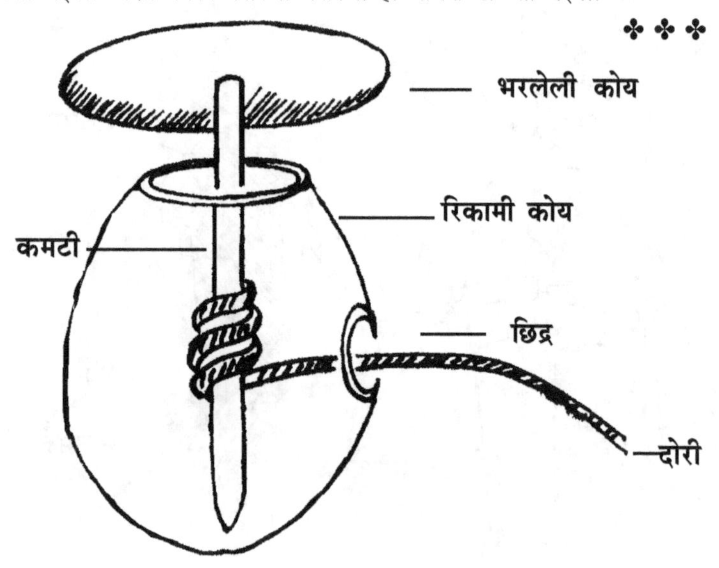

घड्याळ

खडूच्या डब्याच्या आकाराचे पुठ्ठ्याचे खोके घ्या. त्याच्या सर्व बाजू फेव्हीकॉलने चिकटवून टाका. पूर्ण खोक्याला बाहेरून फिकट रंगीत प्लेन रंगाचा कागद चिकटवून शोभिवंत करा.

ह्या खोक्याच्या समोरच्या बाजूवर मावेल एवढे वर्तुळ कंपासच्या सहाय्याने जाड कागदवर काढा. हे वर्तुळ कापून घ्या. ह्या वर्तुळावर समान बारा भाग करणाऱ्या खुणा करा. त्यासाठी वर्तुळाच्या मध्यबिंदूवर ३०, ३० चे अंशाचे कोन करा. वर्तुळ सुंदर दिसेल असे रंग भरा. प्रत्येक खुणेवर १ ते १२ अंक घ्या. ह्या वर्तुळाच्या पाठीमागच्या बाजूने फेव्हीकॉल लावून ते पुठ्ठ्याच्या खोक्याच्या समोरच्या बाजूवर चिकटवा. हे घड्याळाचे डायल तयार झाले.

पातळ पुठ्ठ्यापासून घड्याळासाठी एक लहान व मोठा असे दोन काटे तयार करा. त्यांना रंग द्या. काट्यांना एक छिद्र पाडा. दोन्ही काट्यांची छिद्रे एकमेकांवर ठेवून त्यात एक जाड टाचणी आरपार घाला. काटे डायलवर ठेवून टाचणी डायलच्या मध्यबिंदूत घाला. त्यामुळे काटे डायलला चिकटतील. हे काटे हाताने फिरवायचे आहेत. त्यामुळे ते आपोआप फिरणार नाहीत. शाळेतील लहान मुलांना 'घड्याळ' हा पाठ शिकविताना ह्या घड्याळाचा उपयोग होईल. तसेच हाताने काटे फिरवून 'किती वाजले? सांगा' असा खेळ खेळता येईल.

❋ ❋ ❋

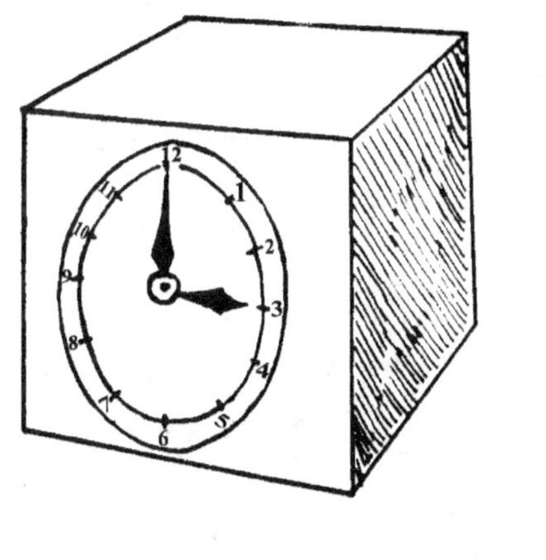

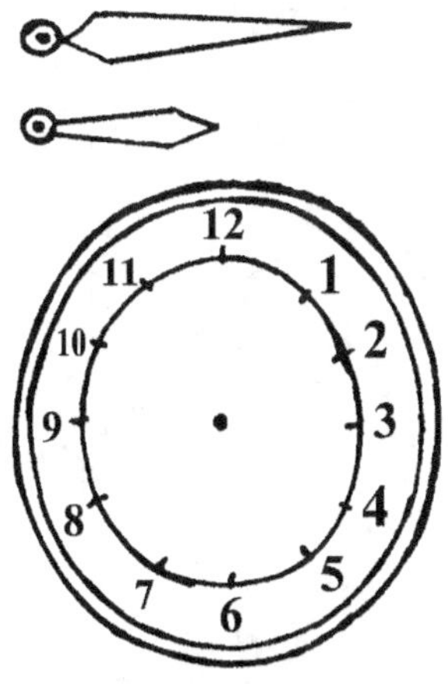

बदक व कमळे

थर्माकोल पाण्यावर तरंगते व पाण्यात लवकर भिजत नाही. ह्या गुणधर्माचा उपयोग करून काही वस्तू तयार करून सजावट करता येते.

पातळ पुठ्ठ्यापासून काही कमळांच्या फुलांचे आकार व काही बदकाचे आकार कापून घ्या. ह्या आकारांना खालच्या बाजूने छोटीशी पट्टी राहू द्या. बदक व कमळाच्या चित्रांना दोन्ही बाजूंनी रंग द्या. कोणत्याही बाजूने पाहिले तरी ते सुंदर दिसले पाहिजे.

सजावटीचे काम करताना जाड, पातळ, थर्माकोलचे तुकडे उरतात. ते आपण फेकून देतो. त्यातील काही तुकडे जमा करून ठेवावे व त्यांना कापून वर्तुळाकार तुकडे तयार करावे. हे तुकडे तयार करताना कंपासचा वापर करावा व कापण्यासाठी धारदार ब्लेड किंवा कटर वापरावे. ह्या गोलाकार तुकड्यांना मध्यभागी जाड भेग पाडावी. बदकाच्या व कमळाच्या खालच्या बाजूला छोटीशी पट्टी सोडली आहे. तिला फेव्हीकॉल लावून ती भेगेत घट्ट दाबून बसवावी. त्यामुळे बदक गोल वर्तुळाला घट्ट चिकटून बसेल. तयार झालेले आकार पाण्याच्या हौदात सोडावे. त्यामुळे पाण्यावर बदके आणि कमळे तरंगत आहेत असे दिसेल. थोडी जरी हवा आली तरी ही बदके हौदातील पाण्यावर इकडेतिकडे फिरत राहतील.

✤ ✤ ✤

गाजराचे झाड

आपला टी.व्ही.चा टेबल किंवा ऑफिसचा टेबल सुंदर दिसण्यासाठी आपण फ्लॉवर पॉट ठेवतो व त्यात फुले, पाने खोचून ठेवतो. झाडाची फुले मिळाली नाहीत तर क्रेप कागदाची किंवा कापडाची फुले ठेवतो. असाच एक फ्लॉवर पॉट आज आपण तयार करू पण त्यात एक गाजराचे जिवंत झाड ठेवू.

चहाच्या बशीप्रमाणे एक पसरट डिश घ्या. एक जाड गाजर घेऊन त्याचा पानाकडील भाग थोडा मोठा ठेवून बाकीचा भाग कापून टाका. हा मोठा भाग घेऊन त्याला बशीत सपाट ठेवा. बशीत थोडे पाणी ओता. बशी पाण्याने पूर्ण भरू नये. दुसऱ्या दिवशी बशीतील पाणी कमी झाले तर पुन्हा थोडे पाणी टाका. अशा रीतीने ३,४ दिवसांनी गाजराला बारीक बारीक पाने फुटतात. ती टवटवीत दिसतात. आणखी थोड्याच दिवसात गाजराला बारीक मुळ्या फुटतात व पाने मोठी आणि उंच होऊ लागतात.

डिश आणखी सुंदर दिसावी म्हणून डिशमध्ये गाजरच्या भोवती रंगीत गारगोट्या किंवा रंगीत दगड रचून ठेवावे. त्याअगोदर दगड आणि गारगोट्या पाण्याने स्वच्छ धुवून घ्याव्या. म्हणजे त्यांची माती डिशमध्ये पडणार नाही. गारगोट्या लहान आकाराच्या असाव्यात. अशा प्रकारे सजविलेली डिश टेबलाच्या एका कोपऱ्यावर धक्का लागणार नाही अशा ठिकाणी ठेवावी. गाजरांच्या ह्या झाडाच्या हिरव्या गार पानावर थर्माकोलचे रंगीत गोल मणी थोड्या थोड्या अंतरावर ठेवले तर हा फ्लॉवर पॉट खूप सुंदर दिसतो.

❖ ❖ ❖

कापलेले गाजर

रंग बदलणारा दोरा

आपल्या मित्रमंडळीला चकित करून सोडणारे हे मजेदार खेळणे आहे. तयार करण्यास अगदी सोपे आणि कमी वेळात तयार होणारे हे खेळणे अवश्य तयार करा.

एक रिकामी आगपेटी किंवा सिगारेटचे रिकामे पाकीट घेऊन टेबलावर ठेवा. सर्व बाजू झाकून जातील अशा रीतीने संपूर्ण आगपेटीभोवती रंगीत कागद चिकटवून टाका. आता ही जादूची पेटी तयार झाली. आकृतीत दाखविल्याप्रमाणे पेटीच्या उभ्या बाजूला दोन ठिकाणी समोरासमोर छिद्रे पाडा. अशा प्रकारे पेटीच्या डाव्या बाजूला दोन व उजव्या बाजूला दोन अशी चार छिद्रे तयार झाली.

एका लांब सुईत लाल रंगाचा दोरा ओवा. सुई पेटीच्या डावीकडील वरच्या छिद्रात घालून उजवीकडील खालच्या छिद्रातून बाहेर काढा. सुई दोऱ्यापासून अलग करा. नंतर निळ्या रंगाचा दोरा दुसरा दोरा घेऊन तो सुईत ओवून घ्या. ही सुई आगपेटीच्या डावीकडील खालच्या छिद्रातून आत घालून उजवीकडील वरच्या छिद्रातून बाहेर काढा. सुई अलग काढून घ्या.

एका लांब पाटीवर पाटीच्या एका टोकावर दोन बारीक खिळे ठोका. ह्या दोन खिळ्यातील अंतर आगपेटीच्या छिद्रातील अंतराइतके घ्या. तसेच दोन खिळे पाटीच्या उजव्या अंगाला ठोका.

आगपेटीच्या वरच्या छिद्रातील लाल दोरा डावीकडील वरच्या खिळ्याला बांधा-पेटीच्या उजवीकडील वरच्या छिद्रातील निळा दोरा उजवीकडील वरच्या खिळ्याला बांधा. उरलेली टोके उरलेल्या खिळ्यांना बांधा. दोरे ताठ बांधावे. त्यामुळे खेळात गंमत येते. आगपेटी डाव्या अंगाला सरकवली म्हणजे पेटीच्या वरच्या छिद्रातून लाल दोरा आत घुसतो व समोरील छिद्रातून निळा होऊन बाहेर पडतो. तसेच खालच्या छिद्रात निळा दोरा आत घुसतो व समोरच्या छिद्रातून लाल होऊन बाहेर पडतो. आगपेटी उजवीकडे सरकविल्यास याच्या उलट क्रिया घडते. ही गंमत पाहून तुमच्या मित्रांना नक्कीच आश्चर्य वाटेल.

✤✤✤

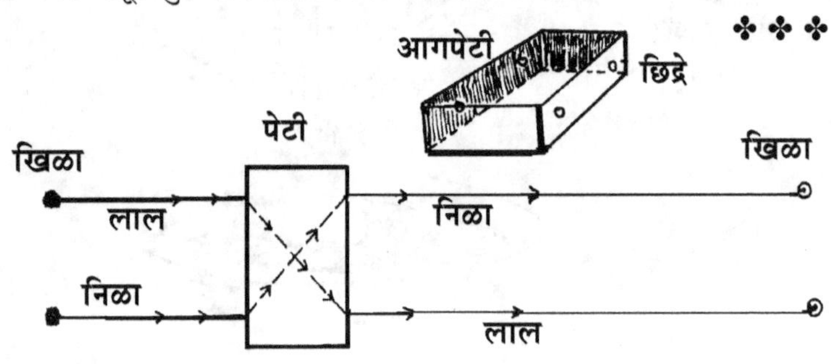

चिमण्यांचे झुंबर

मागे आपण आगपेटीपासून पाळण्यावरील झुंबर तयार केले. आता चिमण्याचे झुंबर कसे तयार करायचे याची माहिती पाहू.

चिमण्या तयार करण्यासाठी तीन-चार रंगाचे घोटीव कागद लागतात. ह्या कागदापासून ३ इंच लांबी रुंदीचे चौरस तयार करा व कापून घ्या. ह्या चौरसांना कर्णावर घडी घाला. त्यामुळे त्रिकोणी आकार तयार होतील. घडी घालताना कागदाचा रंगीत भाग बाहेरून येईल ह्याची दक्षता घ्या. घडी चिकटवून टाका. वेगळ्या रंगाच्या कागदाची त्रिकोणी चोच तयार करा व ती त्रिकोणाच्या एका टोकाला चिकटवा. त्याचप्रमाणे वेगळ्या रंगाच्या कागदाच्या पट्टीला घड्या पाडून चिमणीसाठी शेपूट तयार करा. ती चिमणीच्या मागच्या भागाला चिकटवा. अशा प्रकारे चिमणीचा आकार तयार होईल. स्केचपेनने चिमणीला डोळे काढा.

अशाच प्रकारे अलग अलग रंगाच्या पुष्कळ चिमण्या तयार करा. वजनाचा समतोल राखल्या जाईल अशा ठिकाणी चिमणीला दोरे बांधा.

तारेची गोल रिंग तयार करून तिला ह्या चिमण्या टांगा. अगदी सुंदर आकर्षक रंगीत झुंबर तयार होईल.

❀ ❀ ❀

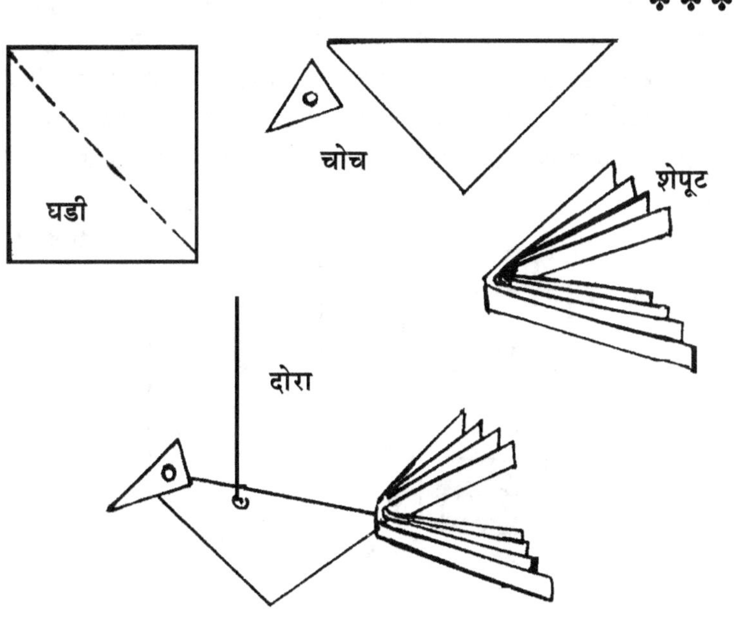

दोऱ्याचे घर

विणकामाचा दोरा आपण चेंडूच्या आकाराप्रमाणे गोल गुंडाळून ठेवतो. विणकाम करत असताना हा चेंडू फिरत फिरत दूर जातो आणि मळतो. हा दोरा ठेवण्यासाठी घर तयार केले म्हणजे तो कोठेच जाणार नाही व मळणार नाही.

दोऱ्यासाठी घर तयार करण्यासाठी पुठ्ठ्याचा गोल दंडगोलाकार डबा घ्या. ह्या डब्याच्या बुडाजवळ एक गोल छिद्र पाडा. दोऱ्याचा चेंडू घेऊन त्याचे मोकळे टोक डब्यात घालून छिद्रातून बाहेर काढावे व दोऱ्याचा चेंडू डब्यात ठेवून द्यावा. त्यामुळे आपण जेवढा दोरा बाहेर ओढू तेवढाच बाहेर येईल.

कपडे शिवण्याचा दोरा ठेवण्यासाठी वेगळी युक्ती करावी लागेल. एक डबा गोल किंवा चौकोनी चालेल. त्याच्या उभ्या बाजूला समोरासमोर सारख्या उंचीवर दोन छिद्रे पाडा. दोऱ्याने भरलेले रिळ ह्या दोन छिद्राच्या मधोमध आडवे धरा. एक स्पोकचा तुकडा छिद्रातून आडवा घालावा. तो रिळाच्या नळीतून बाहेर काढून डब्याच्या पलीकडील छिद्रातून बाहेर काढावा. डब्याला समोरून एक छिद्र पाडावे व त्यातून दोऱ्याचे टोक बाहेर काढावे. दोरा ओढला असता रिळ स्पोकच्या तुकड्याभोवती फिरते व दोरा मोकळा होत जातो.

डबा सुंदर दिसावा म्हणून त्याच्यावर आकृतीत दाखविल्याप्रमाणे चित्र काढून चिकटवावे. कुत्र्याच्या पट्ट्याला छिद्र पाडून त्यातून दोरा बाहेर काढावा. त्यामुळे डब्याला वेगळीच शोभा येईल. एका ठराविक ठिकाणी हा डबा भिंतीवर टांगून ठेवावा. म्हणजे वेळेवर शोधाशोध करण्यात वेळ वाया जाणार नाही. काही लहान-मोठ्या सुया डब्याच्या बुडात टाकून ठेवाव्या. म्हणजे सुई, दोरा एकाच डब्यात सापडतील.

❖❖❖

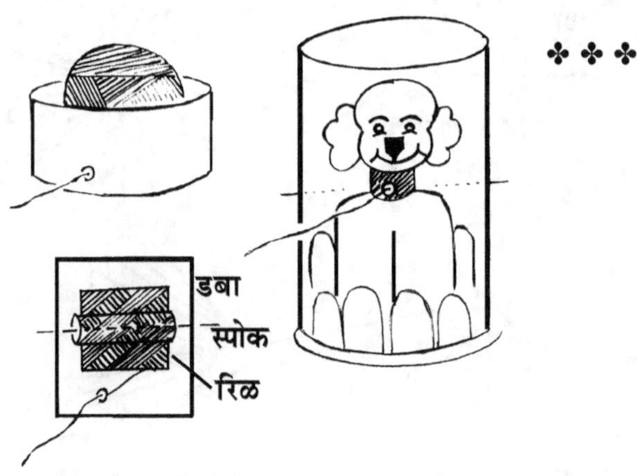

"

आंब्याच्या कोयीची नाव

आंब्याची कोय उन्हात ठेवून चांगली वाळवावी. त्यानंतर तिला दगडावर घासून गुळगुळीत करावे. तिला आडवी धरून तिचा वरचा भाग आकृतीत दाखविल्याप्रमाणे करवतीने कापून टाकावा व आतील गर खिळ्याने कोरून बाहेर काढावा. कापलेल्या भागावर जाड कागदाची पट्टी आडवी चिकटवावी व त्यावर बसलेल्या माणसाची आकृती चिकटवावी.

नावेच्या आतील भागात बांबूची बारीक कमटी उभी धरावी. तिच्या बुडात उभी कमटी टेकवून त्या टोकाच्या चारी बाजूंनी मेणबत्तीने मेणाचे थेंब टाकून उभी कमटी पक्की करावी. ह्या नावेला शोभेल एवढ्या आकाराचे पांढऱ्या जाड कागदाचे त्रिकोणी शीड तयार करावे व ते उभ्या कमटीला फेव्हीकॉलने चिकटवून टाकावे. नावेला बाहेरून ऑईल पेंट लावावा व उन्हात चांगला वाळू द्यावा. नंतर नाव टोपल्यातील पाण्यात सोडावी. ती सरळ उभी राहत नसेल तर तिच्या बुडात रेतीचे जाड खडे वजनासाठी टाकावे.

थोडी जरी हवा आली तरी नाव पाण्यात पुढे पुढे सरकू लागते. ऑईल पेंट लावल्यामुळे पाण्यामुळे नाव लवकर खराब होत नाही.

❖ ❖ ❖

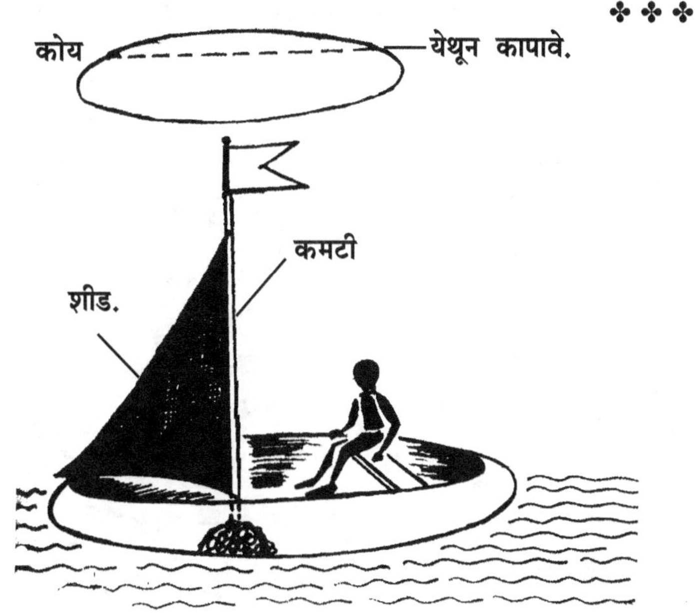

दारावरचा पहारेकरी

दार उघडल्यावर ते वाऱ्याने आपोआप बंद होऊ नये म्हणून त्याला एक लाकडी चिटकनी बसविलेली असते. ती जर मोडून गेली असेल तर दार सारखे मागे-पुढे होत राहते व त्यात लहान मुलांची बोटे चेंगरू शकतात. ह्या गोष्टी होऊ नये म्हणून दारावरचा पहारेकरी उपयोगी पडतो.

ऑईल पेंटचे ५००ml. मापाचे दोन रिकामे डबे घ्या. असा डबा न मिळाल्यास बेबी फुडचे रिकामे डबे घ्या. ह्या डब्यांना बाहेरून ऑईल पेंट लावून रंगीत करावे. तो रंग वाळल्यावर त्यावर एखादे डिझाईन, प्राण्यांचा आकार किंवा आकृतीत दाखविलेला आकार काढून त्यात वेगवेगळे रंग भरावे. त्यामुळे तो डबा सुंदर दिसेल.

ह्या डब्याचे झाकण उघडून त्यात जाड रेती गच्च भरावी व झाकण घट्ट दाबून बसवावे. त्यामुळे हा डबा वजनदार होईल. दार उघडल्यानंतर त्याच्या झडपांना टेकून हा डबा फरशीवर ठेवावा. एक झडप असेल तर एक डबा व दोन झडपा असतील तर दोन डबे वापरावे.

हे दोन पहारेकरी लावल्यामुळे हवा आली तरी दारे हलणार नाहीत. डबे रंगीत असल्यामुळे छान दिसतील व टाकाऊ डब्यापासून एक उपयुक्त वस्तू केल्याचे आपणास समाधान मिळेल.

❖❖❖

"

फुग्याचा विदूषक

एक मोठा रंगीत फुगा घ्या. त्याला फुगवून त्याचे तोंड दोऱ्याने घट्ट बांधा. काळ्या कागदापासून भुवयाचे दोन आकार कापून घ्या. ते फुग्यावर चिकटवा त्याच्याखाली दोन खोल डोळ्याचे आकार चिकटवा. लाल रंगाच्या कागदापासून हसऱ्या तोंडाचा आकार कापून घ्या. तो खाली चिकटवा. चणे-मुरमुरे घेण्यासाठी कागदाचा कोन तयार करतो. तसा रंगीत कागदाचा कोन तयार करा तो नाकाच्या ठिकाणी चिकटवा. हे डोके दोऱ्याने टांगून ठेवा.

फुग्यातील हवा कमी कमी होत जाते व फुगा लहान होतो व त्याचा आकार बिघडतो. टिकाऊ विदुषक तयार करण्यासाठी पुढील कृती करावी.

फुगा फुगवून मोठा करा. त्याला घट्ट दोरा बांधा. वर्तमानपत्री कागदाचे त्रिकोणी तुकडे कापा. त्यांना कणिक किंवा मैद्याची खळ लावावी. हे तुकडे फुग्यावर शेजारी शेजारी चिकटवावे. पूर्ण फुग्यावर कागदाचा थर द्यावा. एक थर पूर्ण झाल्यावर त्यावर पुन्हा एक थर द्यावा. अशाप्रकारे फुग्यावर चार, पाच थर द्यावे व फुगा उन्हात वाळू घालावा. एक दोन दिवसात फुगा सुकून कोरडा होतो. नंतर त्याला रंग द्यावा. पहिला रंग सुकल्यावर त्यावर दुसऱ्या रंगाने भुवया, डोळे, तोंड काढावे. वरच्या बाजूला टोपी काढावी. नाकाचा आकार तयार करून तो चिकटवा. तयार झालेले विदुषकाचे डोके दोरा बांधून टांगून ठेवावे.

❖ ❖ ❖

खाली न येणारी बाहुली

एक रिकामी आगपेटी घ्या. तिच्यावर सर्व बाजूंनी रंगीत कागद चिकटवा. एखाद्या मासिकातील माणसाचे रंगीत चित्र कापून घ्या व ते आगपेटीवर चिकटवा.

आगपेटीच्या मागच्या बाजूला बॉलपेनच्या रिकाम्या नळीचा तुकडा उभा लावावा व चिकटपट्टीने चिकटवून टाका. ह्या नळीचे वरचे व खालचे टोक आगपेटीच्या लांबीच्या बाहेर आलेले असावे.

एक जाड दोरा घेऊन त्याची दोन्ही टोके एकमेकांजवळ आणा व ही दोन्ही टोके एकत्रपणे नळीच्या वरच्या छिद्रातून घालून खालच्या छिद्रातून बाहेर काढा. प्रत्येक टोकाला एक एक आगपेटीची काडी अलग अलग बांधा.

दोऱ्याचे वरील टोक गोल आहे. त्यात एक पेन्सील बसवा. पेन्सील डाव्या हातात धरा. त्यावर आगपेटी लोंबकळू द्या. लोंबकळणाऱ्या दोन काड्यांपैकी एक काडी खाली ओढा. पाकीट वर जाईल. वर गेलेली काडी खाली ओढा. तिच्याबरोबर पेटी थोडी खाली येईल. पण वर जाणाऱ्या काडीमुळे ती पुन्हा वर जाऊ लागेल. अशाप्रकारे कोणताही दोरा कितीही वेळा खाली ओढला तरी आगपेटी पूर्णपणे खाली येतच नाही.

❖❖❖

भोपळ्याच्या बाहुल्या

भोपळ्याचे दोन प्रकार असतात. कडू आणि गोड. गोड भोपळ्याची भाजी करतात. कडू भोपळे खाण्याच्या उपयोगी नसले तरी नदीकाठचे लोक हे भोपळे वाळल्यानंतर यांच्या सहाय्याने पाण्यावर तरंगत नदी पार करतात. दोन चेंडू एकमेकांना चिकटविले तर त्यांचा आकार जसा दिसेल तसे हे भोपळे असतात. पडीक जागेत, शेताच्या काठावर याचे वेल उगवतात. हे भोपळे मोठे झाल्यावर वाळतात. पण त्यांचा आकार बिघडत नाही. किंवा त्यावर सुरकुत्या पडत नाही.

ह्या भोपळ्यापैकी लहान आकाराचे वाळलेले भोपळे बाहुल्या बनविण्याच्या कामी येऊ शकतात. ह्या भोपळ्याला स्वच्छ करून त्याला वरून पांढरा ऑईलपेंट लावून वाळू द्यावा. ह्या रंगावर इतर रंग छान बसतात. आकृती दाखविल्याप्रमाणे ह्या भोपळ्यावर आकृत्या काढल्या तर छानपैकी शेटजी व शेठाणी यांची जोडी तयार होईल.

भोपळ्याला आडवा ठेवून त्याला पुठ्ठ्याचे दोन कान व एक शेपूट लावून ससा करता येईल.

दोन डोळे, चोच व पातळ पुठ्ठ्याचे पंख लावून पक्षी तयार करता येईल. अशाप्रकारे आपल्या कल्पनेप्रमाणे वेगवेगळे आकार तयार करून आपल्या दिवाणखान्याची शोभा वाढविता येईल.

भोपळ्याऐवजी फुटलेले चेंडू एकमेकांना चिकटवून वापरले तरी चालू शकतात.

❖❖❖

बॅडमिंटनचे फूल व लॅंपशेड

बाजारात कोकोराज किंवा पॅराशुट कंपनीच्या खोबरेल तेलाच्या प्लॅस्टिकच्या बाटल्या विकत मिळतात. त्या रिकाम्या झाल्या की, आपण त्या फेकून देतो. तिच्यापासून बॅडमिंटनचे फूल व लॅंप शेड छान छान तयार होते व ते सुंदर सुद्धा दिसते.

अशी एक बाटली घ्यावी. तिचे बुड कापून अलग करावे. कापलेल्या भागाला ब्लेडने उभे काप घ्यावे. काप सरळ रेषेत असावे. फुगीर भागापर्यंतच काप घ्यावे. नंतर हे काप बाहेरच्या बाजूला बोटाने दाबून फाकवावे. बाटलीला बुच घट्ट बसवावे. संपूर्ण आकार एखाद्या उमललेल्या फुलाप्रमाणे दिसावयास हवा. ह्या फुलाचा उपयोग बॅडमिंटनच्या फुलाप्रमाणे करावयास हरकत नाही. जाड पुठ्ठ्याचा गोल तुकडा घेऊन त्याला चापट कमटी शिवून घ्यावी. ही बॅट म्हणून वापरता येईल. खेडेगावी ज्या ठिकाणी खेळाचे सामान विकत मिळत नाही त्या ठिकाणी ह्या वस्तूचा खेळण्यासाठी उपयोग करून घेता येईल. त्यामुळे खेळायची हौस पूर्ण होईल व स्वनिर्मितीचा आनंद मिळेल तो वेगळाच.

ह्या फुलाच्या झाकणाला छिद्र पाडून तेथे छोट्या बल्बचा छोटा होल्डर बसवा व त्यात छोटा बल्ब बसविला तर त्याचा उपयोग लॅंपशेड प्रकारे करता येईल.

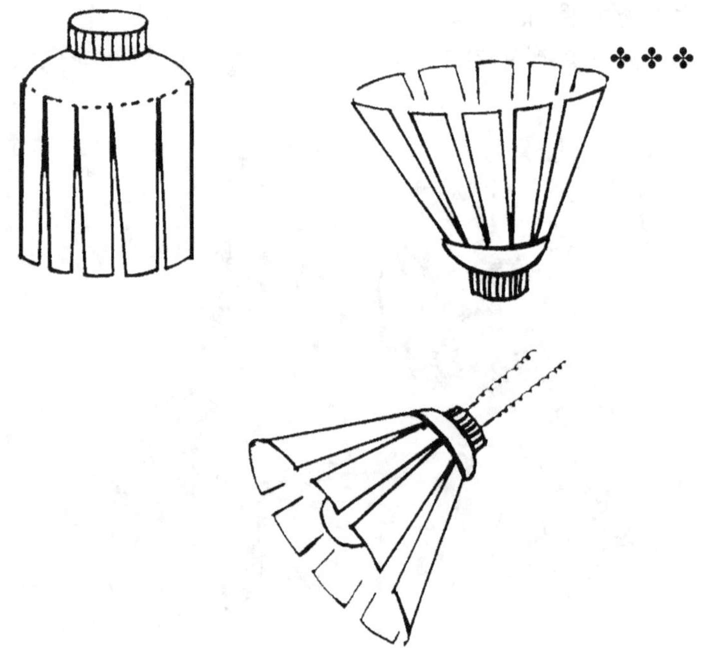

आगगाडी तयार करणे

जळलेले मोठे टॉर्च सेल वापरून ही आगगाडी तयार करता येते. कोळशावर चालणाऱ्या जुन्या आगगाडीचा इंजिनप्रमाणे इंजिन तयार होते. त्यामुळे ही आगगाडी तयार करण्यात नाविन्य आहे.

चार रिकाम्या आगपेट्या घ्या. त्यातील दोन आगपेट्या एकमेकीला फेव्हीकॉलने जोडा. त्यामुळे लांबट बैठक तयार होईल. आकृतीत दाखविल्याप्रमाणे दोन उभ्या आगपेट्या ह्या बैठकीला जोडा. ही ड्रायव्हरची केबीन तयार झाली. हिच्यासमोर टॉर्चचा मोठा सेल बैठकीवर आडवा ठेवून त्याला बारीक दोऱ्याने बांधून टाका. ह्या सेलच्या पुढच्या भागावर टुथपेस्टच्या ट्युबचे बुच बसवा. हे धुरांडे झाले. सेलला काळा रंग द्या व ड्रायव्हरच्या केबीनला लाल रंग द्या. इंजेक्शनच्या शिशीच्या रबरी बुचाची चार चाके सुईच्या सहाय्याने इंजिनाला लावा. दोन दोन आगपेट्या एकमेकीला चिकटवून डब्याचा आकार तयार करा. त्याला लाल रंग द्या. काळ्या रंगाने चौकोनी खिडक्या काढा. बुचाची चार चाके लावा.

सर्व डबे एकमेकांना जोडा व शेवटी इंजिन जोडा. इंजिनाला समोर ओढण्यासाठी दोरा बांधा.

❖ ❖ ❖

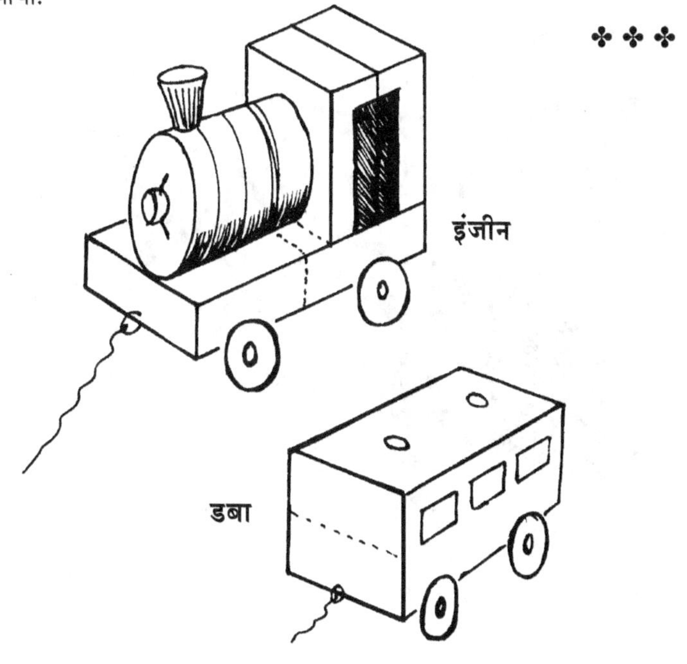

आगपेटीची भिंगरी

रिकाम्या आगपेटीच्या आतील खोक्यापासून सुंदर भिंगरी तयार करता येते. त्यासाठी चार रिकाम्या आगपेट्या लागतात. त्यांचे आतील खोके बाहेर काढा. व ते एकमेकात बसवा. ते कसे बसवावयाचे ते आकृतीत दाखविले आहे. बसविण्याच्या अगोदर त्यांच्या टोकाला फेव्हिकॉल लावावे. नंतर एकमेकात दाबून बसवावे. म्हणजे सर्व खोकी एकमेकांना चिकटून बसतील. सर्व खोकी चिकटविल्यानंतर त्यांच्या मध्यभागी बॉलपेनची रिकामी नळी बसवावी.

बॉलपेनच्या नळीत सहज फिरू शकेल असा सरळ तारेचा तुकडा घ्यावा. त्याला काटकोनात वाकवावा. एका बाजूने त्या तारेत काचेचा गोल मणी ओवावा व नंतर भिंगरीची नळी त्यावर ठेवावी. तारेचा हा भाग उभा धरावा. दुसरी बाजू आडवी ठेवावी. भिंगरी बाहेर पडू नये म्हणून तारेच्या टोकावर एक रबरी बुच बसवावे. आडवा तुकडा सायकलच्या समोरच्या भागाला बांधावा.

तुमची सायकल पळू लागली की, पहा ही भिंगरी किती छान फिरते? भिंगरीला बाहेरून रंगीत घोटीव कागद लावला तर ती खूप सुंदर दिसते.

❖ ❖ ❖

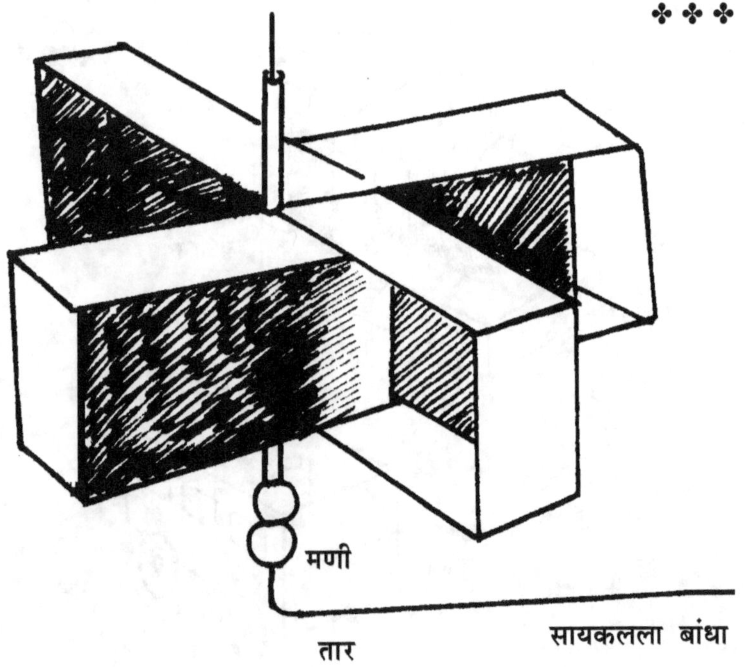

फटफटी

दोन तळहाताच्या मध्येत ही फटफटी धरून तळहात मागेपुढे करून ही वाजविता येते. छोट्या मुलांना खेळण्यासाठी उत्तम खेळणे घरच्या घरी तयार करता येते.

त्यासाठी स्केचपेनच्या दोन रिकाम्या नळ्या, बांबूची कमटी, तार एवढे साहित्य जमा करावे. स्केचपेनच्या नळीचे बारीक टोक कापून टाकावे. एका नळीचे समान दोन तुकडे करावे. त्यांच्या एका टोकाला खिळा गरम करून आरपार छिद्र पाडावे. राहिलेल्या लांब नळीला अंतरावर दोन छिद्रे आरपार पाडावी. तार वाकवून तिचा आकार बांगडीप्रमाणे करावा. त्या तारेत लहान तुकड्यांचे छिद्र ओवून दोन्ही तुकडे तारेत ओवावे. लांब नळीच्या दोन छिद्रात ही तार ओवून घ्यावी. पण स्केचपेनचे तुकडे दोन्हीकडे दोन यावयास पाहिजे. त्यानंतर तारेची दोन्ही टोके एकमेकाला दोऱ्याने घट्ट बांधून घ्यावी. उभ्या नळीच्या खालच्या टोकातून एक गोल कपटी नळीत घट्ट बसवावी. पुरेशी लांबी ठेवून बाकीची कापून टाकावी.

ही फटफटी दोन्ही तळहातामध्ये धरून तिला मागे घुसळल्यास नळीचे तुकडे उभ्या नळीवर आपटतात व छान आवाज येतो.

❖❖❖

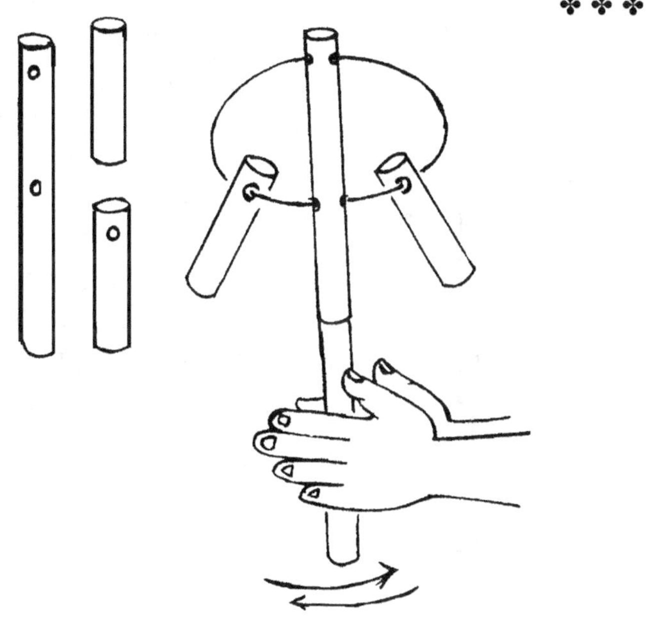

डमरू तयार करणे

छोट्या मुलांना खेळण्यासाठी हे एक चांगले खेळणे आहे. रडणाऱ्या बालकांचे लक्ष वेधून घेऊन त्यांचे रडे याने थांबते व ती खेळू लागतात. तयार करण्यास अगदी सोपे व सुलभ आहे. घरच्या-घरी व बसल्या-बसल्या हे तयार करता येते.

जुने रजिस्टर किंवा वहीचे पातळ पुठ्ठ्यापासून एक मोठ्या व्यासाचे नळकांडे तयार करा. पातळ पुठ्ठा घेऊन त्याला पाण्यात बुडवा व लगेच बाहेर काढा. ते नरम होईल. एका दंडगोलाकृती डब्यावर त्याला गुंडाळा व त्याच्या भोवती दोऱ्याने वेढे मारा व वाळू घ्या. वाळल्यानंतर दोरा काढून टाका. डब्यावरून पुठ्ठा अलग काढून त्याच्या मोकळ्या बाजू एकमेकीला फेव्हिकॉल लावून चिकटवून टाका. एक पोकळ दंडगोल तयार होईल. त्याच्या मोकळ्या दोन तोंडावर फेव्हीकॉल लावा व चांगल्या प्रकारचा ब्राऊन पेपर ताठ चिकटवा. ढोलकीप्रमाणे आकार तयार झाला. ह्याच्या वक्रपृष्ठाकार भागावर दोन छिद्रे समोरासमोर पाडा. त्यातून एक बांबूची गोल कमटी आरपार घाला. तिचा खालील भाग जास्त लांबीचा असू घ्या. ही कमटी दंडगोलात अगदी घट्ट बसली पाहिजे. ह्या डमरूला बाहेरून रंगीत कागद लावून सुशोभित करा. ब्राऊन पेपरला मात्र काहीच लावू नये.

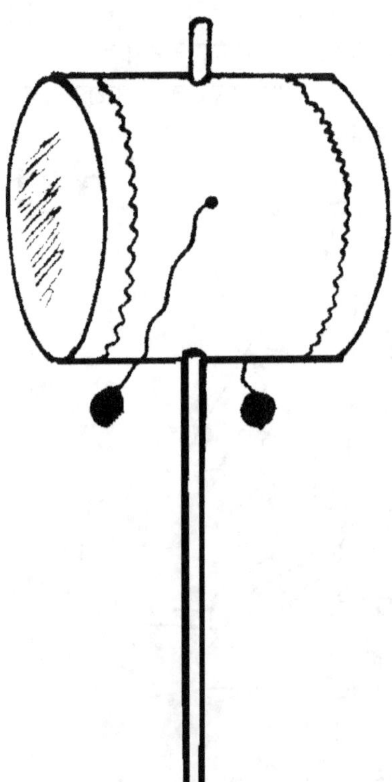

एका दोऱ्याला काळ्या चिकणमातीचा किंवा कणिकेचा एक गोळा लावून दोन दोरे तयार करा. आकृतीत दाखविल्याप्रमाणे ते दोरे डमरूला पक्के चिकटवून टाका. दोन हाताच्या तळहातात कमटी धरून मागे पुढे हलविल्यास दोऱ्याचे गोळे ब्राऊन पेपरवर आपटतात व डमरूप्रमाणे छान आवाज निर्माण होतो.

डोकावणारा जोकर

आतून गुळगुळीत असणारा दंडगोलाकृती डबा घ्या. पुठ्ठ्याचा किंवा पत्र्याचा कशाचाही चालेल. त्याच्या बुडापासून दीड इंच अंतर सोडून समोरासमोर दोन छिद्रे पाडा. त्या दोन छिद्रातून एक सायकलचा स्पोक इंग्रजी 'यू' प्रमाणे वाकवून आरपार काढा. ह्या स्पोकला बाहेरच्या बाजूला दोन पुठ्ठ्याची चाके लावा. चाके निघू नये म्हणून त्यांच्या दोन्ही बाजूंना रबरी बुचे बसवा. स्पोकच्या 'यु' आकारात एक तार पीळ देऊन बसवा. ह्या तारेच्या वरच्या टोकावर विदुषकाचे एक डोके बसवा.

दंडगोलाकृती डब्याला समोरच्या बाजूला दोन बांबूच्या कमट्या जोडून त्यांना समोर तिसरे चाक बसवा. ही गाडी तयार झाली. गाडीला ओढण्यासाठी एक जाड दोरा बांधा. दोरा ओढला म्हणजे गाडीचे चाके फिरू लागतील व गाडी चालू लागेल. डब्याच्या आत असलेला स्पोकचा 'यू' वर खाली होऊ लागेल. तो जेव्हा वर येईल त्यावेळी डोके डब्याच्या वर येईल. जेव्हा 'यू' खाली जाईल त्यावेळी जोकरचे डोके डब्याच्या आत गायब होईल. अशाप्रकारे जोकरचे डोके एकवेळ आत व एकवेळ बाहेर होत राहील. त्यामुळे गाडी चालविताना वेगळीच मजा येईल.

❖❖❖

इंजीनगाडी

ह्या गाडीचे चाक फिरताना त्याला जोडलेल्या पट्ट्या आगगाडीच्या इंजिनच्या पट्ट्याप्रमाणे मागे पुढे होतात. म्हणून तिला इंजिन गाडी म्हटले आहे. पत्र्याच्या डब्याचे किंवा प्लॅस्टिकच्या डब्याचे गोल झाकण एका लांब चापट कमटीला त्याच्या मध्यबिंदूत लहान खिळा ठोकून बसवावे.

दोन सपाट लोखंडी लांब पट्ट्या घ्या. त्यांच्या टोकावर एक एक छिद्र पाडा. दोन्ही पट्ट्याचे एक एक टोक एकमेकीला रिबीट ठोकून जोडून घ्यावे. रिबीट फार घट्ट नसावा. पट्टीचे दुसरे टोक गोल चाकाला बारीक नटबोल्टने चाकाच्या मध्यबिंदूपासून थोडे अंतर सोडून जोडावे. ह्याच पट्टीचे राहिलेले टोक चापट कमटीला खिळ्याने बसवावे. ते सुद्धा थोडे सैल असावे. सगळे जोड सैल असावे म्हणजे त्यांची हालचाल सहज होईल. कमटीची मुठ हातात धरून चाक जमिनीवर टेकवावे व पळत जावे.

गाडीचे चाक गोल गोल फिरते व त्याला लावलेल्या पट्ट्या मागे पुढे, वर खाली होऊ लागतात व पळताना वेगळी मजा वाटते.

❧❧❧

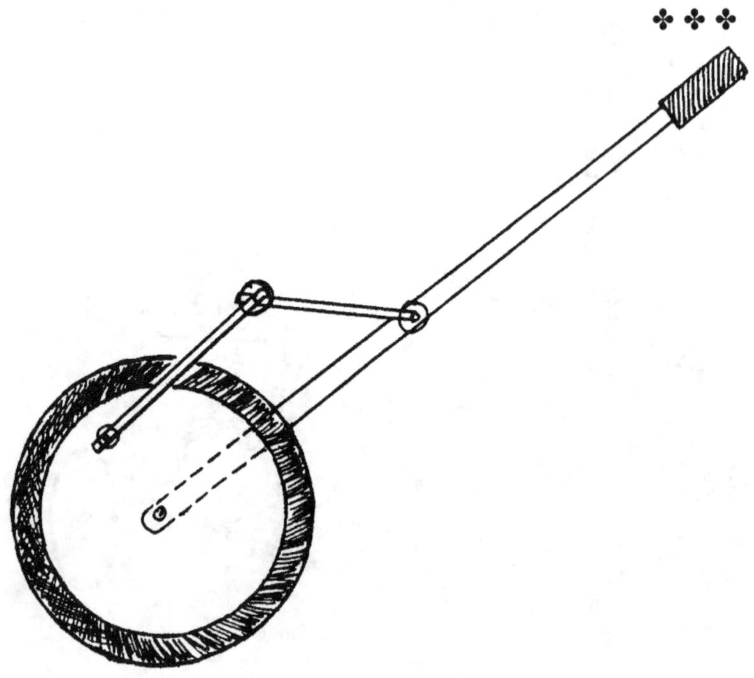

गोल टेबल

थर्मोकोल किंवा पातळ पुठ्ठ्यापासून गोल टेबल तयार करता येते. थर्माकोलपासून टेबल तयार केले तर ते भारदस्त वाटते कारण थर्मोकोल जाड असते. त्यामुळे टेबलाला आपोआपच जाडी येते.

हे तयार करण्यासाठी थर्मोकोलचे आयताकृती एकाच लांबीरुंदीचे दोन तुकडे घ्या. प्रत्येकाच्या मध्यभागी अर्ध्या उंचीपर्यंत एक एक भेग कापून घ्या. दोन्ही भेगा एकमेकात बसविल्या म्हणजे दोन्ही तुकडे जोडले जातील. ह्या आयताच्या लांबीपेक्षा मोठ्या व्यासाचे एक वर्तुळ थर्मोकोलपासून कापून घ्या. हा या टेबलाचा वरचा भाग आहे. पूर्वी तयार केलेले चार पाय आहेत. त्यांच्या वरच्या बाजूला फेव्हीकॉल लावा व त्यावर थर्मोकोलचं वर्तुळ दाबून बसवा. वाटल्यास चार ठिकाणी चार टाचण्या टोचून बसवा. सुंदरपैकी टेबल तयार होईल.

फ्लॉवर पॉट ठेवण्यासाठी त्याचा उपयोग करता येईल.

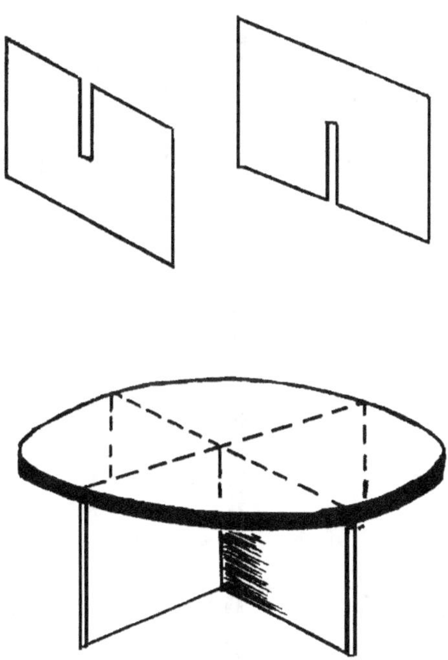

वर जाणारा पंखा

आपल्या घरात विजेच्या वायरची फिटींग करण्यासाठी प्लॅस्टीकच्या चापट पट्ट्या वापरतो. तशा पट्टीचा एक छोटासा तुकडा मिळवा. त्याचा १५ सें.मी. लांबीचा व २ सें.मी. रुंदीचा तुकडा कापून घ्या. त्याचे चार कोपरे गोलाकार करून घ्या. लांबीचा मध्य काढून तेथे एक लहान छिद्र पाडा.

त्यानंतर ती पट्टी थोडा वेळ उकळत्या पाण्यात बुडवून ठेवा. त्यामुळे पट्टी नरम होईल. पट्टीची दोन टोके दोन हातात धरून पट्टीला उलटा पालटा पीळ द्या व थोडा वेळ तसेच धरून ठेवा. त्यामुळे पट्टी तशीच वाकलेली राहील. ती सरळ होणार नाही.

पट्टीला मध्यभागी आपण एक छिद्र पाडले आहे. त्या छिद्रात एक बारीक बाबूंची कमटी पक्की बसवा. ही कमटी १० सें.मी. लांबीची असावी. दोन्ही हाताच्या तळव्यात ही कमटी धरून तिला जोराने पीळ द्या व हातातून कमटी सोडून द्या.

वाकवलेल्या पात्यामुळे पंख्याच्या वरची हवा जोराने खाली ढकलली जाते व त्यामुळे पंखा हवेत उंच जातो. त्याचा वेग संपला की खाली पडतो. पुन्हा त्याला जोराने गती देऊन उंच उडवा.

✿✿✿

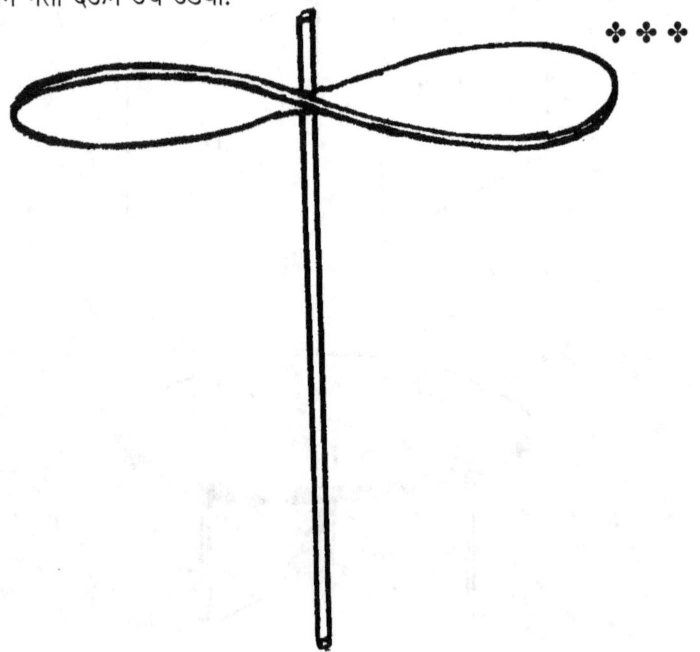

पुठ्ठ्याचे घर

औषधाच्या शिशांना ठेवण्यासाठी पुठ्ठ्याचे खोके असते. असे एखादे खोके घ्यावे. त्याला सर्व बाजूने फिकट रंगाचा कागद फेव्हिकॉलने चिकटवा. वाळल्यानंतर ते खोके आडवे ठेवावे. त्याच्या लांबट बाजूवर एक दरवाजा व एक खिडकी कापून घ्यावी. रुंद बाजूवर एक खिडकी कापून घ्यावी. ह्या घराला छप्पर करण्यासाठी पातळ पुठ्ठा घ्यावा व त्याला आकृतीत दाखविल्याप्रमाणे घडी पाडावी. ह्या पुठ्ठ्यावर लाल कागद चिकटवावा. ह्या लाल कागदावर स्केचपेनने आकृतीत दाखविल्याप्रमाणे काळ्या रेषा काढाव्या. म्हणजे ते छप्पर कौलारू दिसेल. हे छप्पर पुठ्ठ्याच्या खोक्याच्यावर चिकटवावे. छानपैकी घराचा आकार तयार होईल.

घराशेजारी ठेवण्यासाठी पातळ पुठ्ठ्यापासून झाडाची आकृती कापून घ्यावी व तिला रंग भरून हिरवे गार करावे. ही आकृती टेबलावर उभी राहावी म्हणून तिला पाठीमागून पुठ्ठ्याची पट्टी लावावी.

घर आणि घराशेजारी झाड हा एक त्रिमित देखावा तयार होईल. त्याला तुम्ही टेबलावर ठेवू शकता किंवा तुमच्या टी.व्ही. च्या वरसुद्धा ठेवू शकता. घराच्या उंचीपेक्षा कमी उंचीच्या लहान बाहुल्या मिळाल्यास त्यांना घरासमोर उभे केल्यास आणखी सुंदर दिसेल.

❖ ❖ ❖

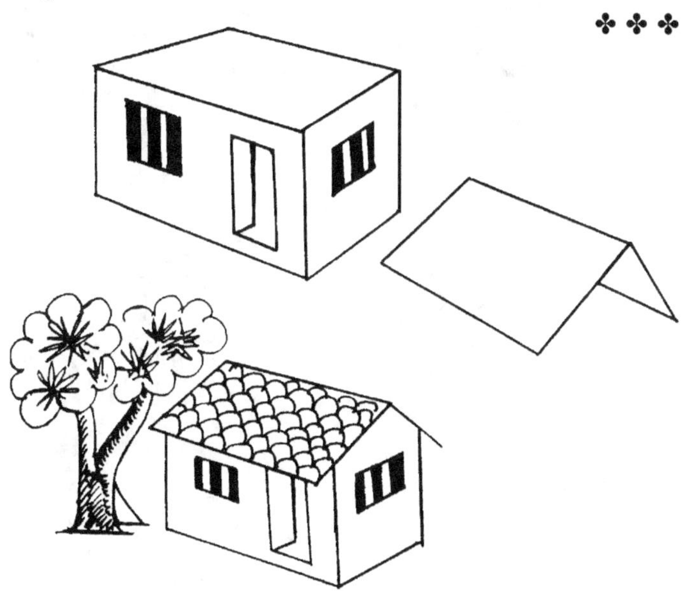

बदकाची गाडी

एका पातळ पुठ्ठ्यावर आकृतीत दाखविल्याप्रमाणे बदकाची आकृती काढा व आकृतीप्रमाणे पुठ्ठा कापून आकृती अलग करा. ह्या आकृतीला दोन्ही बाजूंनी रंगवा. आकृतीच्या खालच्या बाजूला एक गोल छिद्र पाडून त्यात एक लोखंडी बोल्ट बसवा. आकृतीला मध्यभागी एक छिद्र पाडा व त्यात बॉलपेनची रिकामी अर्धी नळी आरपार बसवा.

बॉलपेनच्या नळीच्या तुकड्यात एक लांब सुई घाला. नळीपेक्षा सुई लांबीने जास्त असावी म्हणजे सुईची दोन टोके नळीच्या बाहेर राहतील. ह्या टोकावर पातळ पुठ्ठ्याची दोन चाके बसवावी. चाके निसटू नये म्हणून त्याच्या दोन्ही बाजूंनी दोन लहान रबरी बुचे बसवावी. चाकाचा व्यास मोठा असावा. त्यामुळे बदकाचा कोणताच भाग जमिनीला टेकू नये.

उतारावरून ही गाडी सोडली म्हणजे छान पळते. बदकाच्या आकृतीला वजनासाठी बोल्ट लावलेला असल्यामुळे बदकाचे डोके नेहमी वर राहते व पळणाऱ्या गाडीवर बदक डुलत डुलत पळत आहे असे दिसते.

❖ ❖ ❖

विदुषकी टोपी

आपल्या घरी निरनिराळे समारंभ होत असतात. त्यात भाग घेण्यासाठी आपली मित्रमंडळी येत असते. समारंभाच्या आनंदात भर घालण्यासाठी आपण अशा अनेक विदुषकी टोप्या तयार करून प्रत्येक मित्राला एक एक टोपी भेट द्यावी. ही तयार करण्यास अगदी सोपी आहे.

एका मोठ्या जाड व रंगीत कागदावर १२ इंच त्रिज्येची कमान काढा. ते काढण्यासाठी कंपासचा वापर करा. डोक्याचा घेर मोजून घ्या. त्याच्या लांबीइतकी कमान मोजून घ्या. जेवढा आकार तयार होईल तो कापून घ्या. कमानीची दोन टोके एकमेकांना चिकटवून टाका. शंकूच्या आकाराची उभी टोपी तयार होईल. ह्या टोपीच्या वरच्या टोकावर रंगीत गोंडा लावा. टोपीला रंग द्या व तिच्यावर चमकीचा बेगडी कागद चिकटविला तर टोपी सुंदर दिसेल.

अशाप्रकारे अनेक टोप्या तयार करा व सर्व मित्रांना वाटून देऊन त्यांना डोक्यात घालावयास लावा. सर्व मंडळी अलग अलग रंगाच्या टोप्या घालून समारंभात भाग घेतील तेव्हा समारंभास आणखी रंगत येईल.

✿ ✿ ✿

पिंजऱ्यातील पोपट

एका पातळ पुठ्ठ्यावर पोपटाची आकृती काढा व त्याप्रमाणे आकार कापून घ्या. कापलेल्या आकाराला दोन्ही बाजूंनी पोपटी रंग द्या. गळ्याच्या ठिकाणी जांभळा पट्टा व चोच लाल रंगाने रंगवा.

कोंबडीची लहान मोठी पांढरी पिसे जमा करा. त्यांना हिरव्या रंगात बुडवून उन्हात वाळवा म्हणजे पिसे हिरव्या रंगाची होतील. पुठ्ठ्याच्या आकृतीला पाठीजवळ फेव्हीकॉलने लहान पिसांचे दोन झुबके दोन्ही बाजूंनी चिकटवा. लांब पिसे शेपटाकडे चिकटवा अशा रीतीने पंख लावलेला पोपट तयार होईल.

पिंजरा तयार करण्यासाठी जाड तारेचे वर्तुळ तयार करा. त्याच्या परीघावर समान अंतरावर चार ठिकाणी चार तारा बांधून त्यांना पिंजऱ्याचा आकार देऊन आकृतीत दाखविल्याप्रमाणे तयार करा.

पोपटाच्या पाठीवर त्याच्या वजनाचा मध्यबिंदू साधून एक इलॅस्टीकचा दोरा बांधा व पोपटाला पिंजऱ्यात लटकावून द्या. नंतर मोठा इलॅस्टीकचा दोरा पिंजऱ्याला बांधून पिंजरा खिडकीत टांगून द्या. पिंजऱ्याच्या तारेला हिरवा ऑईल पेंट लावा.

खिडकीतून हवा आली म्हणजे पिंजऱ्यासकट पोपट मागे पुढे हलत राहील.

❖❖❖

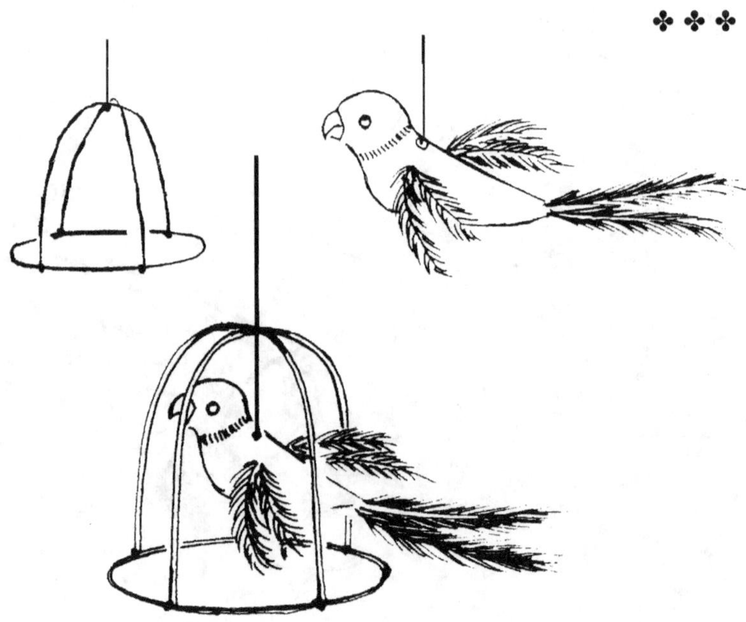

ओळखा पाहू?

हे खेळणे तयार करण्यासाठी ९ इंच लांब व ९ इंच रुंद ब्राऊन पेपर घ्यावा. त्याच्या प्रत्येक बाजूवर ३ इंच अंतरावर खुणा करून त्या जोडाव्या. म्हणजे ९ चौरस तयार होतील. त्यापैकी चार कोपऱ्यावरचे चार चौरस कापून टाकावे. आता पाच चौरस शिल्लक राहिले. सगळ्यांच्या मध्यभागी असलेल्या चौरसाला चारही बाजूने थोडी किनार सोडून कापून मधील लहान चौरस काढून टाकावा. तो पारदर्शक होईल. ह्या चौरसावर ३ x ३ इंचाचा पारदर्शक काचेचा तुकडा फेव्हीकॉलने चिकटवा. उरलेल्या चार चौरसात कुत्रा, मांजर, मुलगा, मुलगी अशी चित्रे चिकटवावी. प्रत्येक चौरसाला काचेजवळ घडी घालावी.

क्रमाने एक एक चौरस घडी घालून एकावर एक दाबत जा. सर्व चौरसाच्या घड्या घातल्यावर खेळण्याचा आकार ३ x ३ इंच एवढा होईल. सर्व घड्या घातल्यावर खेळणे उलटे करावे. काचेतून आतील चित्र दिसेल.

घडी घालताना आपण प्रथम काचेवर जे चित्र दाबू तेच चित्र काचेतून दिसते. समजा आपणास काचेतून मांजराचे पाहावयाचे आहे, तर कागदाची घडी घालताना मांजराचे चित्र अगोदर काचेवर दाबावे. त्यानंतर इतर तीन चित्रे एकावर एक दाबावी. आता खेळणे उलटे करा. काचेतून मांजरीचे चित्र दिसेल अशाप्रकारे तुम्ही कोणतेही चित्र काचेवर आणू शकता. तुमच्या मित्राबरोबर खेळताना त्याला मात्र आपण म्हणू तेच चित्र काचेवर कसे येते याचे नवल वाटेल. अशाप्रकारे ओळखा– ओळखीचा हा खेळ तुम्ही तुमच्या मित्रासोबत खेळू शकता.

❖❖❖

चालण्याची गंमत

समजा चालत असताना आपल्या पावलाचा आवाज घोड्यांच्या टापांच्या आवाजाप्रमाणे आला तर काय मजा येईल?

जेव्हा आपणास नारळ फोडायचा असेल त्यावेळी त्याला दगडावर न आपटता त्याला आडवा धरून मध्यभागावर करवतीने काप घ्यावा व त्याचे समान दोन भाग करावे. आतील खोबरे काढून घ्यावे व दोन्ही करवंट्या रिकाम्या करून घ्या. दोन्ही करवंट्या अर्धगोलाकार पाहिजेत. एका करवंटीला एक छिद्र असते. तसेच छिद्र दुसऱ्या करवंटीला पाडून घ्यावे.

तीन फूट लांबीची नारळाची दोरी घ्या. तिच्या एका टोकाला एक मोठी गाठ पाडा. ही दोरी करवंटीच्या आतून घालून छिद्रातून बाहेर काढा. दोरीची गाठ छिद्रात अडकून बसेल. अशाचप्रकारे दुसऱ्या करवंटीत अशीच दोरी अडकवून घ्या. ह्या तुमच्या घोड्याच्या टापा तयार झाल्या.

नारळाची दोरी आपल्या पायाचा अंगठा व त्याच्याजवळचे बोट यांच्यामध्ये बसवा. दोन्ही करवंट्या दोन पायाखाली घ्या व दोऱ्या हातात धरून उभे रहा. चालू लागा. चालताना पायाला चिकटून राहील अशा रीतीने दोऱ्या हातात तंग धरून ठेवा. प्रथम हळू हळू चालून पाहा. नंतर लवकर लवकर चालून पहा व चांगली सवय झाल्यावर पळून पहा. पळताना तुमच्या पावलाचा आवाज घोड्याच्या टापाप्रमाणे येऊ लागेल. व तुम्हाला पळताना मजा वाटू लागेल.

पायाला करवंट्या बांधून गुळगुळीत रस्त्यावरून किंवा फरशीवर चालू नये. कारण त्यामुळे तुम्ही घसरून पडाल. नारळाच्या करवंट्या न मिळाल्यास सारख्या उंचीचे पत्र्याचे लहान लहान डबे वापरले तरी चालतील. त्यांना दोरी कशी बांधायची ते आकृतीत दाखविले आहे.

❧ ❧ ❧

झोका घेणारी बाहुली

आपल्या घराच्या खिडकीत मनीप्लँटची एखादी वेल सोडलेली असेल किंवा दुसऱ्या कोणत्याही झाडाची फांदी असेल तर त्याला पुढे सांगितल्याप्रमाणे पुठ्ठ्याची बाहुली लावली तर आणखी मजा येईल.

आकृतीत दाखविल्याप्रमाणे पातळ पुठ्ठ्यावर मुलांची आकृती काढून घ्या. ह्या आकृतीत अलग अलग प्रकारचे रंग भरा. त्यामुळे ती सुंदर दिसेल.

मुलाच्या चित्रातील हाताच्या मुठीत बॉलपेनच्या रिकाम्या नळीचे दोन तुकडे बसवा. एका मुठीत एक तुकडा बसवावा. दोन मुठीत दोन तुकडे बसवावे. ह्या तुकड्यातून एक बारीक लांब तार आरपार घाला व तारेची दोन्ही टोके मनीप्लँटच्या आडव्या फांदीला अडकवून टाका. खिडकीतून थोडी जरी हवा आत आली किंवा खिडकीतून बाहेर गेली की, मनीप्लँटला टांगलेल्या मुलाचे चित्र मागे पुढे झोका घेऊ लागेल. त्यामुळे खोलीत एक प्रसन्न वातावरण तयार होईल.

✻✻✻

भिंतीवरील कॅलेंडर

औषधीच्या शिशीचे पुठ्ठ्याचे खोके घ्या. ह्या खोक्याच्या मध्यभागी आयताकृती खिडकी कापा. खोक्याला रंगीत कागद चिकटवून सुशोभित करा. खोक्याच्या वरच्या बाजूला दोन व खालच्या बाजूला दोन छिद्रे पाडा व सायकलच्या स्पोकचे दोन तुकडे घाला. त्या तुकड्यांच्या बाहेरच्या एका बाजुला हँडलप्रमाणे वाकवा. खोक्याच्या रुंदीपेक्षा कमी रुंदीची पांढ्रया पातळ कापडाची पट्टी कापून घ्या. ह्या पट्टीवर रंगीत पोस्ट कलरने १ ते ३१ अंक लिहून घ्या. पट्टीचे एक टोक स्पोकच्या तुकड्याला शिवून घ्या. दुसरे टोक स्पोकच्या दुसऱ्या तुकड्याभोवती शिवून घ्या. हँडल फिरवून संपूर्ण पट्टी एका स्पोकभोवती गुंडाळून घ्या. नंतर दुसरे हँडल फिरवू लागा. कापडाची पट्टी दुसऱ्या स्पोकभोवती गुंडाळू लागेल व खोक्याच्या खिडकीसमोर एक एक अंक येऊ लागेल. त्या दिवशी जी तारीख असेल तो अंक खिडकीसमोर आणून ठेवावा.

खोक्याला मागच्या बाजूने एक छिद्र पाडून भिंतीवरील खिळ्यात ते खोके अडकवून ठेवा. दररोज सकाळी उठल्यानंतर ह्या कॅलेंडरमधील अंक सरकवून पुढील अंक आणून ठेवत जा.

जुन्या कॅलेंडरमधील १ ते ३१ अंक कापून घेऊन कापडी पट्टीवर फेव्हीकॉलने चिकटविले तरी चालतात. महिना संपल्यावर संपूर्ण पट्टी उलटी पहिल्या स्पोकवर गुंडाळून घ्यावी लागते.

❧❧❧

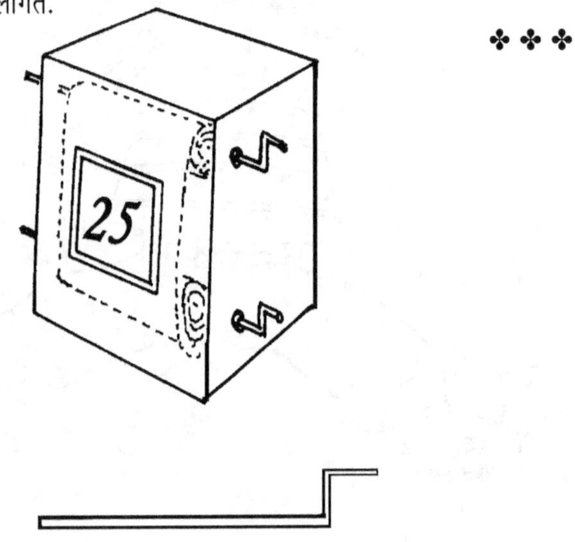

"

हवेने पळणारी गाडी

मोकळ्या सपाट मैदानावर ही गाडी छान पळते. ती तयार करण्यासाठी जाड सुई, बॉलपेनची रिकामी नळी, पातळ पुठ्ठा, एक जड बोल्ट एवढे साहित्य जमा करावे.

एका बॉलपेनच्या रिकाम्या नळीत जाड सुई घालावी. सुईची दोन्ही टोके नळीच्या बाहेर येऊ घ्यावी. पुठ्ठ्यापासून दोन सारख्या व्यासाची वर्तुळे कापून सुईच्या दोन टोकात बसवावी. ही चाके पक्की बसावी म्हणून त्यांना मागून पुढून लहान रबरी बुचे बसवावी. दोन चाकांच्या मध्ये बॉलपेनची नळी आहे. ही नळी अगदी मोकळी फिरावयास हवी. ह्या नळीला दोन्ही बाजूंनी झाकेल अशी पुठ्ठ्याची घडी उभी लावावी. नळीला ती पक्की शिवून घ्यावी किंवा चिकटवून टाकावी. पुठ्ठ्याच्या खालच्या बाजूला एक जड बोल्ट बांधावा. त्यामुळे तो पुठ्ठा नेहमी सरळ उभा राहील.

ही गाडी मोकळ्या मैदानात ठेवा. हवा सुटली म्हणजे उभ्या पुठ्ठ्याला ती लोटत जाईल व त्यामुळे गाडी जोराने मैदानावर पळू लागेल. ही गाडी कशीही पळाली तरी कलंडत नाही. वारा जिकडे लोटील तिकडे ती पळत जाईल.

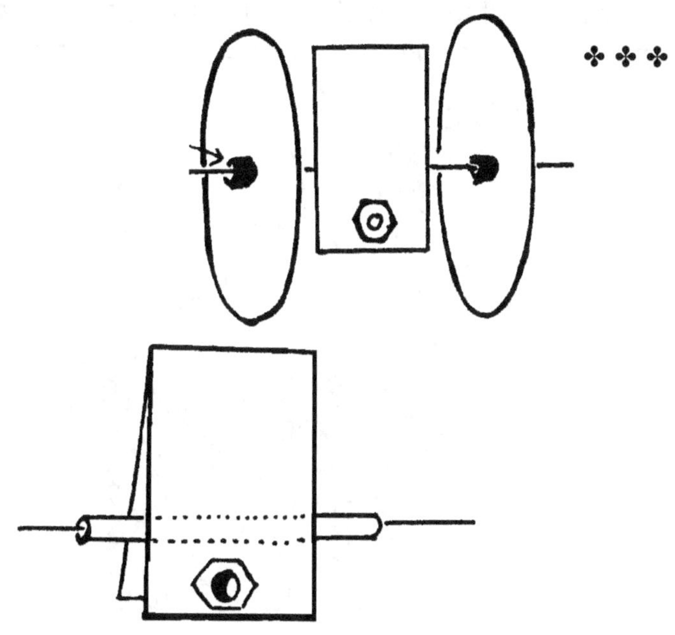

❖ ❖ ❖

टेबलावरील कॅलेंडर

टेबलावर ठेवण्यासाठी घडीचे कॅलेंडर तयार करता येते. त्यासाठी आकृतीत दाखविल्याप्रमाणे पातळ पुठ्ठ्याची घडी तयार करावी. ह्या घडीला छानपैकी रंगीत कागद लावावा. तारीख दिसण्यासाठी ह्या घडीच्या समोरच्या बाजूला आयताकृती चौकोन कापून घ्यावा. ह्या चौकोनात १ ते ३१ हे आकडे दिसावयास हवे. त्यासाठी दोन सारख्या आकाराची पातळ पुठ्ठ्याची वर्तुळे कापून घ्या. त्यावर पांढरा कागद लावा. एका वर्तुळावर १, २, ३ हे अंक लिहा. हे दशकाचे अंक आहेत. हे वर्तुळ पुठ्ठ्याच्या घडीच्या आतून लावून दोऱ्याने पक्के बांधा. ते त्याच्या मध्यबिंदूभोवती फिरले पाहिजे. दुसऱ्या वर्तुळावर ०, १, २, ३, ४, ५, ६, ७, ८, ९ हे अंक लिहा. हे एककाचे अंक आहेत. दशकाच्या अंकासमोर एककचा अंक येईल अशा रीतीने आतून हे वर्तुळ लावा. त्याच्या मध्यबिंदूवर छिद्र पाडून दोऱ्याच्या गाठीने बांधून टाका. वर्तुळाच्या परीघाचा गोल भाग थोडा घडीच्या बाहेर यावयास हवा. त्यामुळे बोटाने ही वर्तुळे फिरवता येतील व तारखा बदलता येतील.

समजा आपणास २६ तारीख लावायची आहे. त्यावेळी डावीकडील वर्तुळ फिरवून खिडकीसमोर २ हा अंक आणावा लागेल. आता हा अंक स्थिर ठेवून उजवीकडील वर्तुळ फिरवून ६ हा अंक आणावा. दोन्ही अंक जवळ जवळ आले म्हणजे २६ चा आकडा तयार होईल. याप्रमाणे कोणतीही तारीख बदलता येईल.

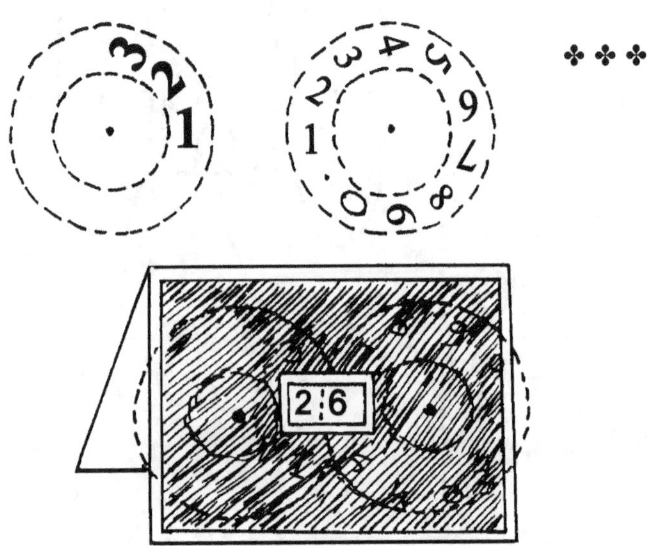

टीपॉय तयार करणे

खेळण्यातील टीपॉय तयार करण्यासाठी पातळ पुठ्ठा व थर्मोकोलचा तुकडा वापरावा. गोल वाटी किंवा गोल डबा घेऊन तो थर्मोकोलच्या तुकड्यावर ठेवावा. त्याच्याभोवती पेन्सीलीने त्याची बाह्यरेषा आखून घ्यावी. ह्या बाह्यरेषेवर ब्लेडने किंवा कटरने कापून वर्तुळ काढून घ्यावे. हे टिपॉयचे टॉप तयार झाले आहे. पातळ पुठ्ठ्यापासून ४ सें.मी. लांबीचे तीन पाय कापून घ्यावे व ते थर्मोकोलच्या वर्तुळाला खालच्या बाजूने जोडावे. जोडण्यासाठी फेव्हीकॉलचा उपयोग करावा. अशा प्रकारे भातुकलीच्या खेळासाठी टिपॉय तयार होईल.

ह्या टीपॉयवर ठेवण्यासाठी चहाची किटली, कपबशी, पाण्याचे जार यांचे आकार पातळ पुठ्ठ्यापासून तयार करावे. हे आकार कापताना त्यांना खालच्या बाजूने छोटीशी पट्टी ठेवावी. आकृतीत ती दाखविली आहे.

टिपॉयच्या थर्मोकोलच्या वरच्या पृष्ठभागाला योग्य ठिकाणी कटरने काप द्या व त्या कापात जार, कपबशी, चहाची किटली याचे आकार दाबून बसवा. म्हणजे ते पडणार नाहीत.

❖ ❖ ❖

पेन्सिल-पेन स्टँड

बॅडमिंटनच्या शटलकॉकचे पुठ्ठ्याचे दंडगोलाकार रिकामे खोके यासाठी वापरता येईल. हे खोके नळकांड्याप्रमाणे लांब असते. त्याला मध्यभागी कापून समान दोन भाग करा. त्याचे एक तोंड पुठ्ठ्याचा गोल तुकडा चिकटवून बंद करा. उघड्या तोंडातून त्यात रेती भरा. डब्याच्या बुडाशी १ इंच जाडीचा रेतीचा थर असावयास हवा. ही रेती निघू नये म्हणून पुठ्ठ्याची एक गोल चकती डब्याच्या आत रेतीवर फेव्हीकॉलने पक्की करा. रंगीत डिझाईन पेपर घेऊन त्याला फेव्हीकॉल लावा व तो कागद डब्याला बाहेरून लावा. त्यामुळे डबा खूप सुंदर दिसू लागेल. हा डबा टेबलावर ठेवा व त्यात पेन, पेन्सिली, ब्रश इत्यादी साहित्य ठेवा.

एकदा शटलकॉकच्या खोक्याऐवजी ५०० मिली मापाचा ऑईल पेंटचा रिकामा डबा घेऊन त्यात रेती भरून व त्याला रंगीत कागद चिकटवून वापरता येईल. हा डबा टेबलावर न ठेवता भिंतीवर लटकावयाचा असल्यास त्याच्या वरच्या काठाजवळ खिळ्याने छिद्र पाडा व भिंतीतील खिळ्यात डबा अडकवून टाका. अशा प्रकारे उत्तम प्रकारचा पेन्सिल स्टँड तयार होईल.

❖❖❖

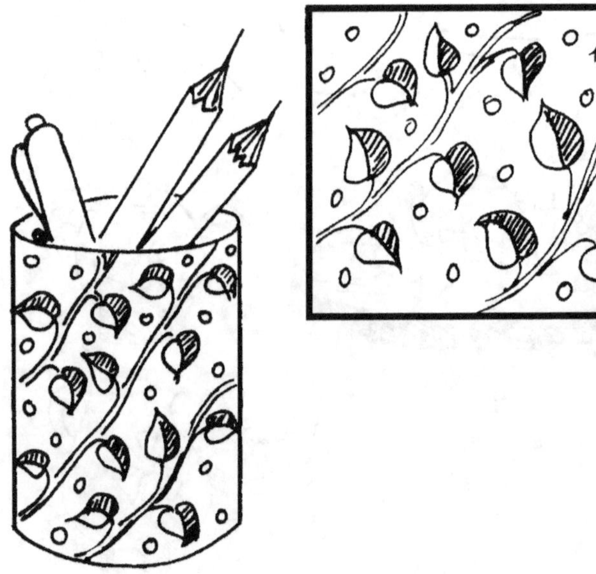

पिन कुशन तयार करणे

बाजारात पत्र्यापासून बनाविलेल्या कुंकवाच्या डब्या विकत मिळतात. ह्या डबीच्या झाकणाला गोल आरसा बसविलेला असतो. झाकण अलग करावे. झाकणाला आतून गोल पत्रा बसविलेला असतो तो काढला म्हणजे आरसा निघून येतो व तेथे गोल छिद्र तयार होते. ह्या गोल छिद्रात आतून एक कापड घालावे व छिद्रातून बाहेर काढावे. कापडाचे काठ व टोके झाकणाच्या आतच राहावयास हवे. ह्या कापडात आतून थोडा थोडा लाकडी भुसा भरावा. त्याला दाबून बाहेर आलेल्या कापडात लोटावा. असे बरेच वेळा करून वरील कापडात भुसा गच्च भरून त्याला गोल फुगीर आकार द्यावा.

भुसा गच्च भरल्यावर कापडाच्या मोकळ्या टोकांना दोऱ्याने घट्ट बांधावे. म्हणजे भुसा खाली सरकणार नाही. राहिलेले कापड आतून सपाट पसरून द्यावे व त्यावर गोल पत्रा दाबून बसवावा. म्हणजे भुसा भरलेले कापड वरून ओढले तरी निघणार नाही. वजनासाठी डबीत जाड रेती भरावी व हे झाकण तिला बसवावे. ऑईल पेंट देऊन डबी रंगीत करावी. वरच्या भुशाच्या थैलीत टाचण्या टोचून ठेवाव्या.

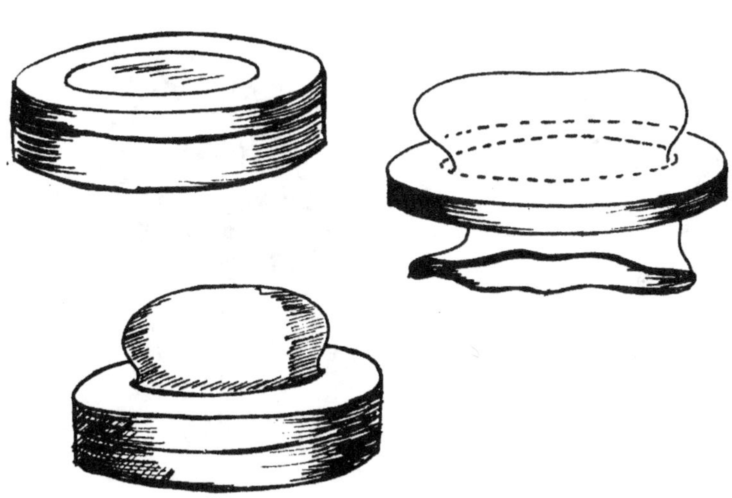

भिंतीवरील फ्लॉवर पॉट

भिंतीवर एखादे फ्लॉवर पॉट असले आणि त्यात कोणतीही फुले, नैसर्गिक किंवा कृत्रिम ठेवले तरी आपले घर छान दिसते. पातळ पुठ्ठा घ्या. कंपासमध्ये पेन्सील बसवावी व त्याच्या दोन टोकांत ६ इंच अंतर घेऊन एक वर्तुळ काढावे. मध्यबिंदूपासून परीघापर्यंत एक रेषा काढा. ह्या रेषेला ३०°, ६०°, ९०° चे कोन करणाऱ्या रेषा काढा व त्या मध्यबिंदूपासून परीघापर्यंत जोडा. हा वर्तुळाचा पाव भाग झाला. हा पाव भाग वर्तुळापासून कापून अलग करा. ह्या भागात दोन रेषा आहेत. त्या रेषेवर स्केलपट्टी ठेवून टोकदार खिळ्याने ओरखडा काढावा. जिकडून ओरखडा काढला त्याच्या विरुद्ध बाजूला एक एक भाग मुडपावा. मुडपलेल्या दोन बाजू एकमेकींला चिकटल्यावर त्रिकोणी पेल्याचा आकार तयार होईल. ह्या बाजू एकमेकींला चिकटपट्टीने चिकटवून टाकाव्या.

त्रिकोणी पेल्यावर बाहेरून रंगीत डिझाईन पेपर लावावा. एका बाजूला वरच्या टोकाकडे एक छिद्र पाडावे. भिंतीला खिळा ठोकून. त्यात हा फ्लॉवरपॉट अडकवा. त्यात रंगीत कागदी फुले, पाने यांचा गुच्छ ठेवा. फ्लॉवरपॉट सरळ राहावा म्हणून त्याच्या बुडात थोडी जाड रेती भरावी.

❖ ❖ ❖

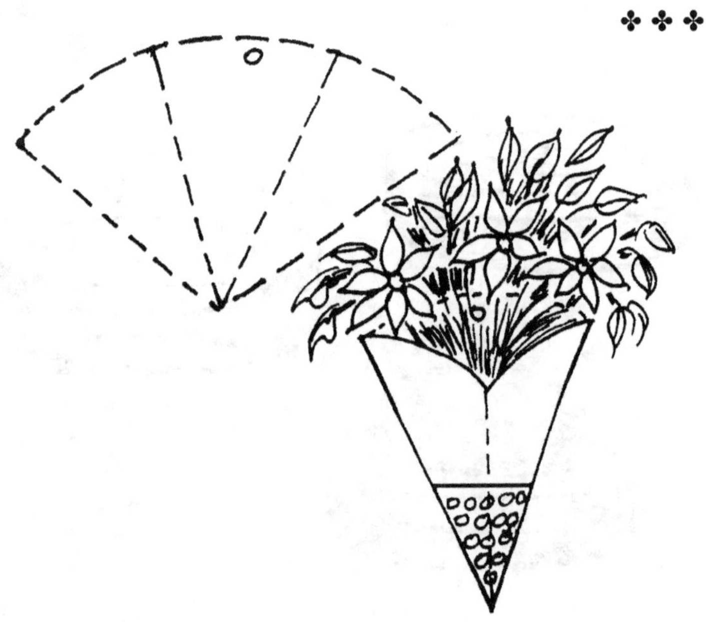

पेन व दौतीचा स्टँड

पूर्वीच्या काळी टेबलावर निळ्या आणि लाल रंगाच्या शाईच्या दोन दौती, दोन टाक ठेवलेले असायचे. आता बॉलपेन ठेवलेले दिसतात. तरीपण काही लोक अजूनही हौस म्हणून आणि अक्षर चांगले येते म्हणून दौत, टाक वापरताना दिसतात. बॉलपेनने काढलेल्या अक्षरापेक्षा टाकाच्या निबेने काढलेले अक्षर सुंदर दिसते व वळणदार येते.

सारख्या आकाराच्या व सारख्या उंचीच्या रुंद तोंडाच्या दोन शिशा घ्याव्या. ह्या टेबलावर ठेवल्यावर कलंडू नये म्हणून त्यांना स्टँड तयार करू. एक चौरसाकृति पुठ्ठा घ्या. नंतर दुसरा पातळ पुठ्ठा घेऊन त्यापासून त्याला वाकवून दोन पोकळ दंडगोल बनवा. ह्या दंडगोलाच्या काठाला बारीक, बारीक काप मारा व ते बाहेरच्या बाजूला वाकवा. ह्या कापांना फेव्हीकॉल लावून चौरसाकृति पुठ्ठ्यावर चिकटवा. अशाच प्रकारे दुसरा दंडगोल पहिल्याच्या शेजारी चिकटवा. ह्या दोन खोलगट भागात तुमच्या शाईच्या दौती ठेवा.

टाक ठेवण्यासाठी जाड कार्डशीटला पन्हाळ्याप्रमाणे घड्या घालून व त्याला फेव्हीकॉल लावून दौतीच्या समोरच्या बाजूला चौरस पुठ्ठ्यावर चिकटवावे. तयार झालेल्या आकाराला सुंदर रंगीत डिझाईन पेपर लावून सुशोभित करावे.

एक परंपरागत पण आता न दिसणारी वस्तू तुम्ही तयार केली याचे तुम्हाला नक्कीच समाधान वाटेल.

❖❖❖

पार्टीतील नाविन्य

आपल्याकडे वाढदिवस पार्टी असे समारंभ नेहमीच होत असतात. या पार्टीत आपण आपल्या मित्रमैत्रिणींना बोलावित असतो. मित्र आले म्हणजे आपण त्यांचे स्वागत करतो व त्यांना त्यांच्या जागेवर नेऊन बसवितो.

अशा पार्टीत आणखी नाविन्य आणि रंगतपणा आणण्यासाठी ही युक्ती करून पहावी. जितकी मुले येणार असतील तितकी चित्रे काढून घ्यावी. आकृतीत एका मुलाचे उभे चित्र काढलेले आहे. तशी अनेक चित्रे कार्बन पेपर ठेवून काढून घ्यावी. जितक्या मुली येणार असतील तितकी मुलींची चित्रे काढावी ही चित्रे रंगवून पातळ पुठ्ठ्यावर चिकटवावी. प्रत्येक चित्र कापून वेगळे करावे. प्रत्येक चित्र उभे राहावे म्हणून त्याला पाठीमागून आधाराची पट्टी लावावी बांबूची बारीक कमटी प्रत्येक चित्राला पाठीमागून चिकटवावी. तिच्यावर एका मित्राचे नाव लिहावे. ही आकृती टेबलावर उभी ठेवावी. म्हणजे त्या नावाचा जो मित्र असेल तो त्या टेबलासमोर बसेल. अशा प्रकारे सर्व मित्रांच्या व मैत्रिणीच्या नावासहीत आकृत्या त्यांच्या नियोजित टेबलावर ठेवून द्याव्या.

पार्टीला येणारे मित्र व मैत्रिणी आपल्या नावाची पाटी जेथे असेल तेथे येऊन बसतील व त्यामुळे नेहमीपेक्षा काहीतरी वेगळे नाविन्य असल्याप्रमाणे वाटेल.

❖ ❖ ❖

चक्री गाडी

जाड पुठ्ठ्यापासून एक गोल चाक तयार करा. ह्या चाकाच्या मध्यबिंदूच्या ठिकाणी छिद्र पाडा. ह्या छिद्रात सायकलच्या स्पोकचा तुकडा आस म्हणून घाला. बांबूच्या चापट कमटीला छिद्र पाडून त्यात हा आस बसवा.

आसाचे दुसरे टोक मोकळे आहे. ते काटकोनात वाकवून उभे करा. दुसरे एक चाक कापून ते ह्या उभ्या स्पोकच्या तुकड्यात आडवे बसवावे. ते स्पोकमधून खाली येऊन उभ्या चाकावर टेकेल.

बांबूच्या कमटीला मागच्या टोकाला मूठ बसवून ती मूठ धरून उभे चाक जमिनीला घासून पळविल्यास छान पैकी गाडी वाटेल. ज्यावेळी उभे चाक फिरते, त्याचवेळी आडव्या चाकाचा परीघ उभ्या चाकाच्या परीघावर घासतो व आडवे चाक फिरू लागते. ह्या चाकावर जर लहान लहान चिमण्यांची चित्रे लावली तर त्या चिमण्या एकामागे एक पळत आहेत असे वाटेल.

अशी ही सुंदर चक्री गाडी अवश्य तयार करून पहा.

❀ ❀ ❀

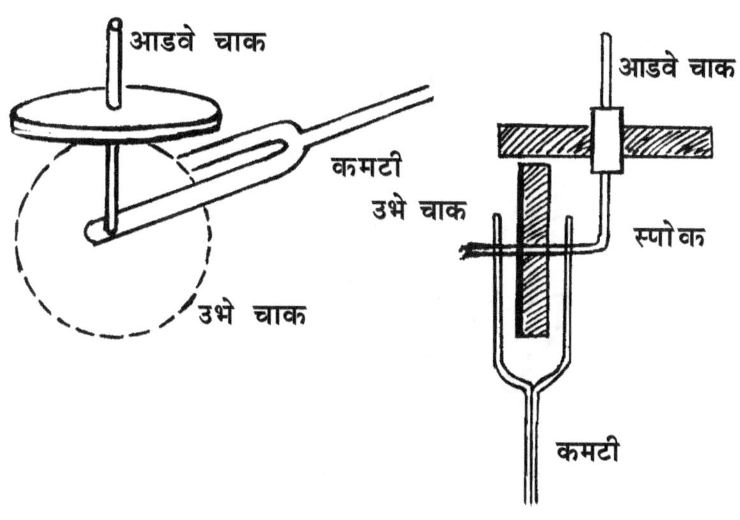

थर्माकोलचे जहाज

एखाद्या ठिकाणी थर्माकोल कापण्याचे काम चालू असते. त्यावेळी थर्माकोलचे निरनिराळ्या आकाराचे लहान मोठे तुकडे फेकून देतात. असे तुकडे फेकून न देता त्यांच्यापासून लहान लहान वस्तू तयार केल्या तर खेळण्यासाठी त्यांचा उपयोग होतो.

थर्माकोलच्या तुकड्यातून मोठे तुकडे निवडून घ्या. त्यांच्यावर एखादा गोल डबा, गोल झाकण ठेऊन वर्तुळ आखून घ्या. ह्या वर्तुळावर ब्लेडने कापून वर्तुळ अलग काढून घ्या. ह्या वर्तुळाच्या एका बाजूकडे एका बांबूची कमटी उभी करा. ह्या कमटीला पांढऱ्या कोऱ्या कागदाचे त्रिकोणी आकाराचे शीड तयार करून फेव्हीकॉलने चिकटावा.

कमटीच्या वरच्या टोकावर लाल कागदापासून तयार केलेला छोटासा झेंडा लावा. तुमचे जहाज म्हणा की, होडी म्हणा तयार झाली. अशी अनेक जहाजे तयार करा. पसरट भांड्यातील पाण्यावर ही जहाजे ठेवा. त्यांना थोडी जरी हवा लागली तरी ती भराभर पाण्याच्या पृष्ठभागावर पळू लागतात.

पाण्याने भरून वाहणाऱ्या नालीत ही जहाजे ठेवली तर ती एका मागून एक पाण्यावर पळू लागतील व खेळताना मजा येईल. ह्या जहाजाचे बूड वर्तुळाकृती असल्यामुळे ती पळताना कोठे अडणार नाहीत.

❖❖❖

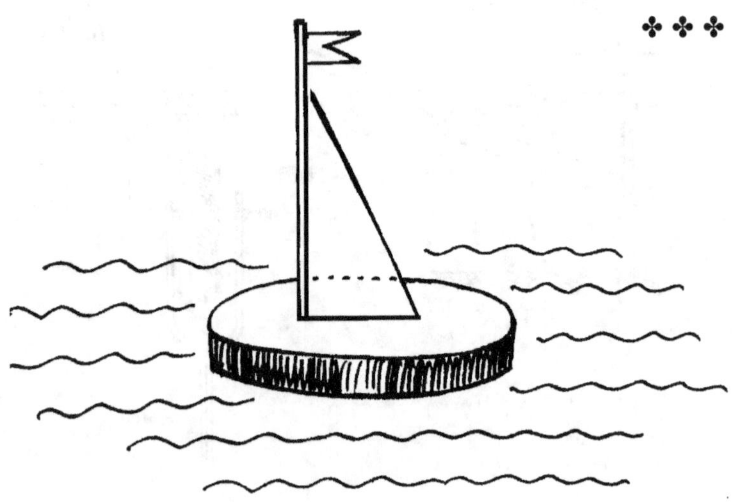

आय लव्ह यू!

मध्यम जाडीच्या पुठ्ठ्यापासून एक वर्तुळ कापून घ्या. त्याला दोन्ही बाजूंनी पांढरा कागद लावा. याच वर्तुळाच्या आकाराचे कागदाचे दुसरे वर्तुळ कापून त्यावर आकृती क्र. ३ मध्ये दाखविल्याप्रमाणे 'I LOVE YOU' ही अक्षरे काढा. हा कागद पुठ्ठ्याच्या वर्तुळावर अगदी बरोबर ठेऊन I, O, E, Y, U ही अक्षरे दाबून गिरवा. कागद उचलून घ्या व पुठ्ठ्यावर गिरविलेली अक्षरे लाल रंगाने रंगवा. हाच वर्तुळाकृती कागद पुठ्ठ्याच्या वर्तुळावर मागील बाजूने ठेवा व L, V, O ही अक्षरे गिरवा. कागद उचलून लाल रंगाने अक्षरे रंगवा. दोन्ही वेळेस वर्तुळाच्या डोक्याची बाजू वरच असावी. गोल वर्तुळाला डोक्याकडे व पायाकडे एक एक छिद्र पाडा त्यात रबर बँड अडकवा.

सायकलच्या चाकाचा स्पोक दोन ठिकाणी काटकोनात वाकवून त्याचा 'यू' बनवा. त्याच्या दोन टोकांना चकतीचे रबर बँड ताणून बांधा. स्पोकापासून चकती समान अंतर ठेवून मध्यभागी टांगली जाईल. चकती कोणत्याही एका बाजूने पाहिली तरी त्यावरील मजकुराचा अर्थबोध होणार नाही. चकतीला फिरवून रबर बँडला भरपूर पीळ द्या व चकती एकदम सोडून द्या. चकती वेगाने उलटी फिरू लागते व त्याचवेळी तिच्यावर 'I Love You' हे वाक्य पूर्ण उमटलेले दिसते.

चकतीच्या एका बाजूला पोपटाचे चित्र आणि दुसऱ्या बाजूला पिंजऱ्याचे चित्र काढले तर पिंजऱ्यात पोपट बसलेला दिसेल.

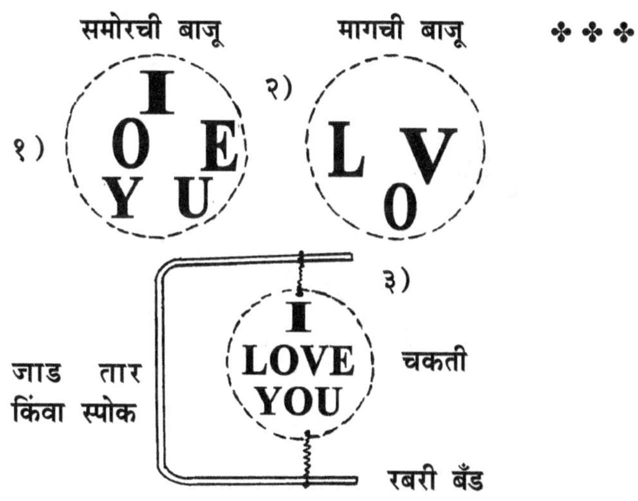

पंख फडफडणारा पक्षी

पातळ पुठ्ठ्यापासून हा पक्षी तयार करता येतो. त्यासाठी आकृतीत दाखविल्याप्रमाणे पक्ष्याचा एक आकार तयार करावा. त्याला शोभतील असे पंखाचे दोन आकार वेगळे कापून घ्यावे. एक शेपूट तयार करावे. पक्षी, पंख व शेपूट हे वेगवेगळे आकार रंगवून घ्यावे. पंखाचा काठ पक्ष्याच्या पाठीच्या ठिकाणी चिकटपट्टीने चिकटवून टाका. त्या दोन्ही पंखांची हालचाल वर खाली व्हावयास पाहिजे. शेपूट चिकटवून टाका. पक्षी जमिनीवर चालण्यासाठी त्याला आकृतीत दाखविल्याप्रमाणे लांबट गोल आकाराची चाके तयार करा. त्या चाकांना मध्यबिंदूच्या ठिकाणी छिद्र न पाडता खालच्या बाजूला पाडावे. पक्ष्याच्या पोटाला खालच्या बाजूला छिद्र पाडून त्यात जाड खिळा आडवा घाला व त्याच्या दोन्ही बाजूंनी दोन चाके बसवावी. दोन्ही चाकांचे उंच भाग एकाच दिशेने यावयास पाहिजेत. चाके खिळ्यात घट्ट बसावी. चाकावर पंख टेकले पाहिजेत.

पक्षी लोटण्यासाठी मागच्या बाजूला बांबूची कमटी लावावी. पक्षी जमिनीवर ठेवून लोटला असता चाके वर खाली होतात व त्यावर टेकलेले पंख सुद्धा वर खाली होतात. अशा प्रकारे पक्षी पंख वर खाली करीत चालला आहे असे दिसते व एक चांगले खेळणे आपण खेळत आहोत असे मुलांना वाटते.

❖❖❖

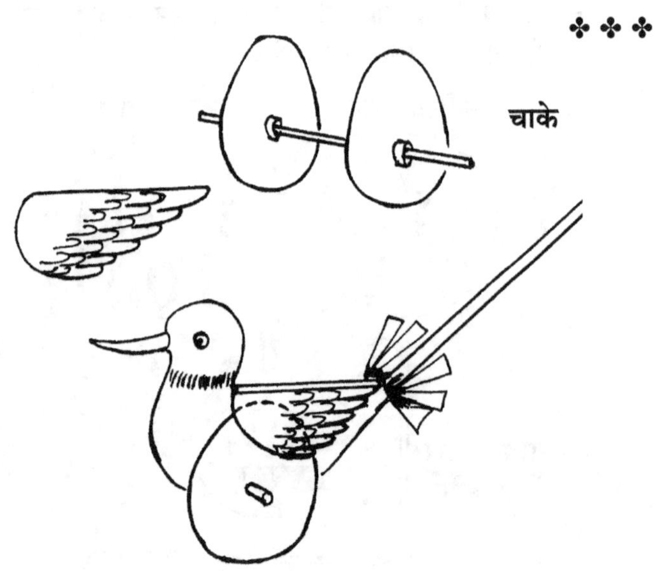

टप टप पेटी

एक रिकामी आगपेटी, आगपेटीच्या दोन काड्या, दोन रबर बँड, बांबूची बारीक कमटी, पातळ पुठ्ठ्याचा तुकडा एवढे साहित्य जमा करा.

बांबूची बारीक गोल कमटी घ्या. तिला मध्यभागी चाकूने भेग पाडा. ह्या भेगेत पातळ पुठ्ठ्याचा चौकोनी तुकडा बसवा. आगपेटीच्या आतील खोके बाहेर ओढा. त्याच्या दोन बाजूंना दोन छिद्रे पाडा. आकृतीत दाखविल्याप्रमाणे पुठ्ठा बसविलेली कमटी त्या खोक्याच्या छिद्रात बसवा. कमटीला बोटाने फिरवून पाहा. चौकोनी पुठ्ठा कोठेही न अडता फिरला पाहिजे.

आगपेटीच्या वरच्या झाकणाच्या एका बाजूला दोन रबर बँड गुंडाळा. ह्या रबर बँड मध्ये आगपेटीच्या दोन काड्या अडकवून टाका. त्यांची मागची टोके पुठ्ठ्याच्या तुकड्यामुळे काड्यांची मागची टोके खाली दाबली जातात व निसटली की काडीचे पुढील टोक पेटीवर टप असा आवाज करून आदळते. कमटी वेगाने फिरवून टप टप असा आवाज सतत ऐकू येतो.

❖ ❖ ❖

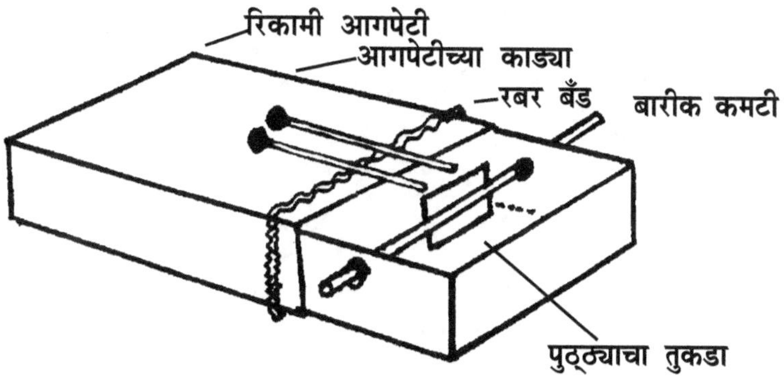

टप टप पेटी - २

एक रिकामी आगपेटी घ्या. एका रबर बँड मध्ये एक गुंडी ओवून घ्या. गुंडीला दोन किंवा चार छिद्रे असतात. त्यातील एका छिद्रात रबर बँड ओवून घ्या. हा रबर बँड आगपेटीभोवती गुंडाळा. गुंडीच्या दुसऱ्या छिद्रात एक दोरा बांधा. ह्या दोऱ्याला थोड्या थोड्या अंतरावर गाठी पाडा. अशा प्रकारे टप टप पेटी तयार होईल.

गुंडीजवळ दोरा उजव्या हाताच्या चिमटीत पकडा. डाव्या हातात पेटी धरून ठेवा. उजव्या हाताच्या चिमटीने दोरा ओढू लागा. गाठ आल्यावर रबर बँड ताणल्या जाईल. निसटल्यावर गुंडी जोराने आगपेटीवर आपटेल. असे प्रत्येक गाठीचे ठिकाणी होईल आणि टप टप असा आवाज येत जाईल. म्हणून हिला टप टप पेटी असे म्हटले आहे.

❖ ❖ ❖

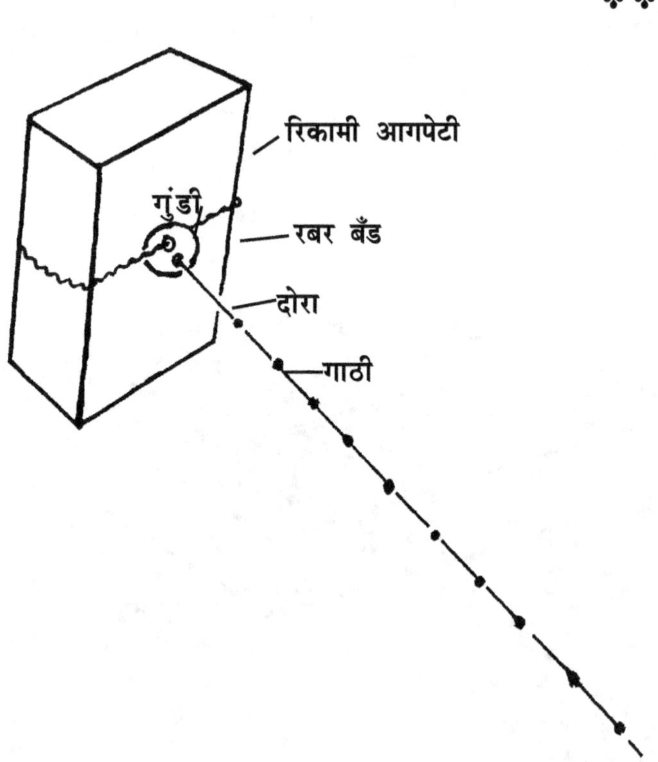

बदकाची गाडी

पातळ पुठ्ठ्यापासून आकृतीत दाखविल्याप्रमाणे बदकाचे दोन आकार कापून घ्या. ह्या आकारांना दोन्ही बाजूंनी पांढरा कागद चिकटवा व पांढऱ्या कागदावर रंग भरून बदकाचा आकार सुशोभित करा.

आगपेटीच्या आतील रिकामे खोके घ्या. किंवा पुठ्ठ्यापासून तशा आकाराचे खोके तयार करा. ह्या खोक्याला आतून बाहेरून रंगीत कागद चिकटवा व सुंदर बनवा.

आकृतीत दाखविल्याप्रमाणे दोन बदके उभी ठेवा व खोक्याला दोन बाजूंनी फेव्हीकॉल लावून त्याच्या दोन्ही बाजूला बदके चिकटवून टाका.

खोक्यात टाचण्या, रबर अशा सारख्या छोट्या वस्तू ठेवता येतील. बदकाचा खालील भाग गोलाकार असल्याने ती आपल्या टेबलावर डुलत राहतात.

एक उपयोगी वस्तू आपल्या टेबलाची शोभा नक्कीच वाढवील.

गुल्लेर

पिकावरील पाखरे हाकलण्यासाठी गोफण किंवा गुल्लेर वापरतात. काही शिकारी लोक पाखरांची शिकार करण्यासाठी पूर्वी गुल्लेर वापरत असत. आपण मात्र चिंचा, बोरे पाडण्यासाठी ह्या गुल्लेरचा उपयोग करू शकतो. एखाद्या टणक लाकडाच्या झाडाच्या फांदीचा 'व्ही' आकाराचा तुकडा गुल्लेर तयार करण्यासाठी वापरू शकतो. शहरात असे तुकडे मिळणार नाहीत म्हणून गोल लाकडाचे रूळ कापड दुकानात असतात. ह्या रूळाचे दोन तुकडे घेऊन त्यांचा 'व्ही' आकार करून त्यात खिळे ठोकून ते दोन्ही तुकडे एकमेकांना जोडून घ्या.

सायकलच्या ट्युबच्या तुकड्यापासून सारख्या लांबीच्या दोन रबराच्या पट्ट्या कापून घ्या. 'व्ही' आकाराच्या दोन टोकांना हे रबरी पट्टे पक्क्या दोऱ्याने बांधून घ्या. रबर ताणून ते पक्के बांधले आहे याची खात्री करून घ्या. रबरी पट्ट्यांच्या मोकळ्या टोकांना चामड्याचा आयाताकृती तुकडा पक्का बांधा. या चामडी तुकड्यात छोटा दगड घ्या. डाव्या हातात 'व्ही' चा आकार धरा. उजव्या हाताने दगड धरलेला चामडी तुकडा मागे ताणा. रबराच्या पट्ट्या बऱ्याच ताणल्या गेल्या पाहिजेत. नंतर उजव्या हातातील चामडी पट्टा एकदम सोडून घ्या. (दगड वेगाने नंतर उजव्या हातातील चामडी पट्टा एकदम सोडून घ्या.) दगड वेगाने निघून खूप दूर जातो. त्यामुळे पिकावर बसलेले पक्षी उडून जातात.

❖ ❖ ❖

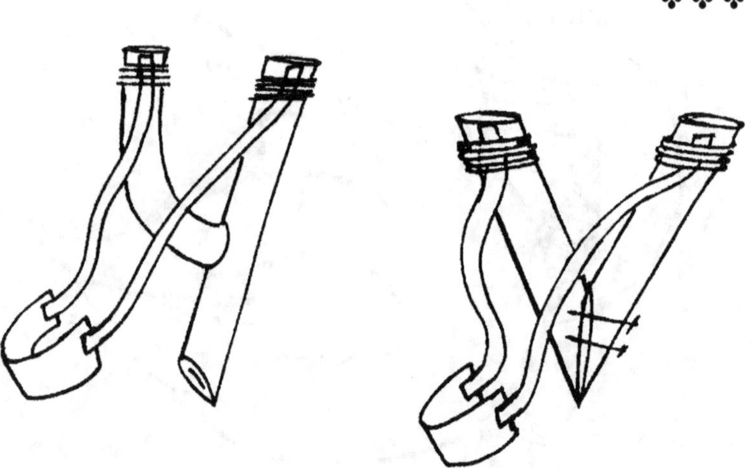

वगारू

म्हशीच्या पिल्लाला 'वगार' म्हणतात. ते जसा आवाज काढते तसा आवाज ह्या खेळण्यातून निर्माण होतो. म्हणून आपण त्यास 'वगारू' असे म्हणू.

रुंद तोंड असलेले एक मातीचे बोळके घ्या. त्याच्या उघड्या तोंडावर ब्राऊन पेपर ताणून बसवा व फेव्हीकॉलने पक्का चिकटवून टाका. ह्या कागदाला मध्यभागी बारीक छिद्र पाडा. एका आगपेटीच्या काडीला मध्यभागी दोरा पक्का बांधा. ती आगकाडी ब्राऊन पेपरच्या छिद्रातून आत घाला. नंतर दोरा ओढा. आगकाडी कागदाच्या आतून अडकून बसेल. दोऱ्याची लांबी एक फूटभर ठेवून बाकीचा दोरा तोडून टाका. वीतभर लांबीची पेन्सील एवढ्या जाडीची काडी घ्या. तिच्या एका टोकाभोवती दोरा सैलसर बांधा. तो काडीभोवती सहज फिरला पाहिजे. हे सर्व झाले की, आपले 'वगारू' तयार.

काडीच्या भोवती असणारा दोरा पाण्याने ओला करा. काडी हातात धरून गरगरा फिरवा त्यामुळे बोळके काडीभोवती फिरू लागेल व त्यातून वगाराच्या ओरड्याप्रमाणे आवाज निघू लागेल.

मातीचे बोळके जर मिळाले नाही तर छोटा टिनाचा डबा वापरावा. पानमसाला ठेवण्याचे रिकामे डबे पानपट्टीच्या दुकानावर असतात. ते डबे वापरावे.

❖ ❖ ❖

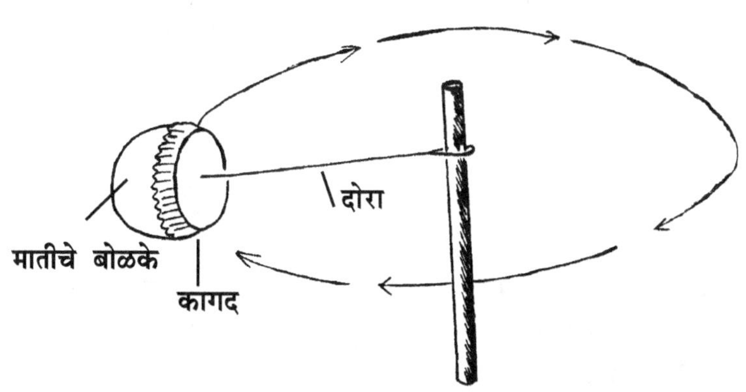

फुगेच फुगे

बऱ्याच ठिकाणी समारंभ चालू असताना साबणाचे खूप फुगे हवेत तरंगत असतात. फुगे तयार करून उडविण्यात एक वेगळीच मजा येते.

असे खूप फुगे तयार करण्याससाठी एक जाड तार घ्या. त्याला टोकाजवळ वाकवून लहानसे वर्तुळ बनवा. नंतर तार वाकवून त्याला आकृतीत दाखविल्याप्रमाणे आकार घ्या. ह्या आकाराला बॉलपेनची रिकामी नळी आडवी बसवा. तारेच्या टोकाजवळील वर्तुळ व बॉलपेनच्या नळीचे तोंड समोरासमोर यावयास हवे. म्हणजे नळीतून हवा फुंकल्यावर ती हवा तारेच्या वर्तुळावर यावयास हवी.

एका वाटीत थोडे पाणी घ्या. त्यात सर्फ नावाची कपडे धुण्याची पावडर टाका व विरघळू घ्या. नंतर त्यात थोडा केस धुण्याचा शाम्पू टाका. याला हलवून पाण्यात विरघळू घ्या. ह्या पाण्यात आपण अगोदर तयार केलेल्या तारेचे वर्तुळ असलेले टोक बुडवा व बाहेर काढा. नळीतून तोंडाने हवा फुंका. तारेच्या वर्तुळातून एका मागे एक असे खूप फुगे तयार होऊन हवेत उडू लागतील.

❖ ❖ ❖

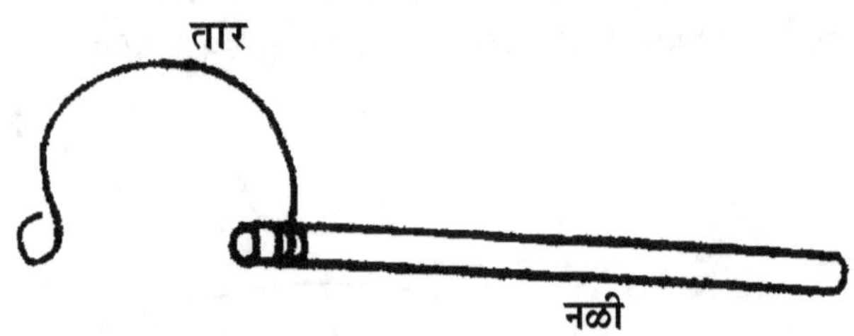

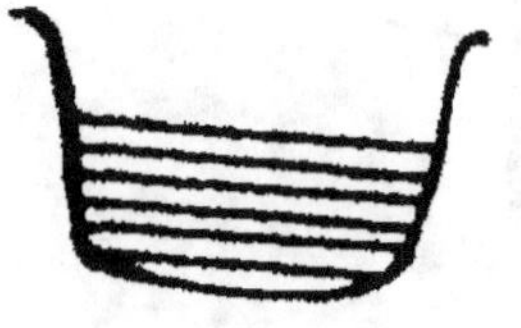

जादूचे नाणे

एका पसरट वाटीत कोणतेही धान्य घ्या. त्यात एक नवी पेन्सिल उभी रोवा. ह्या पेन्सिलीच्या वरच्या टोकावर एक नाणे अलगद ठेवा.

तुमच्या एका मित्राला बोलावून हा खेळ खेळता येईल. खेळताना अट एवढीच आहे की, नाण्याला धक्का लावायचा नाही. फक्त पेन्सिलीला टिचकी मारून किंवा धक्का लावून नाणे वाटीत न पाडता वाटीच्या बाहेर पडले पाहिजे.

तुमच्या मित्राने किंवा तुम्ही सुद्धा कितीही प्रयत्न केले आणि पेन्सिलीला टिचक्या मारल्या तरी नाणे मात्र दूर उडून जात नाही. ते वाटीतच पडते.

अशा प्रकारे आपल्या मित्राबरोबर हा खेळ बराच वेळ खेळून तुम्हाला त्यातील मजा लुटता येईल.

❖ ❖ ❖

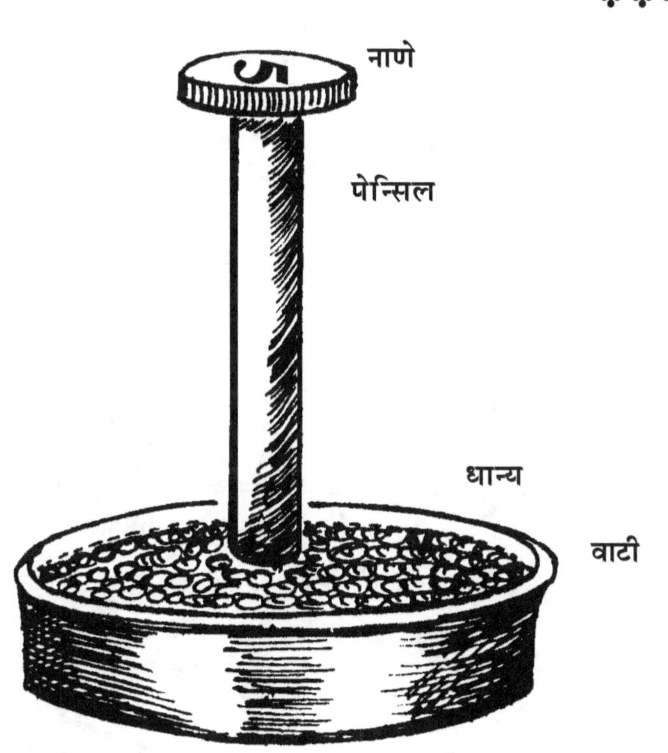

बग्गी

फिल्मच्या रोलच्या डबीपासून ही बग्गी तयार करता येते. तिला दोरा बांधून व तो दोरा ओढून ही बग्गी खेळता येते. सायकलच्या चाकाचे दोन स्पोक, रोल-फिल्म ठेवण्याच्या रिकाम्या सारख्या आकाराच्या व सारख्या रंगाच्या चार डब्या, बांबूच्या कमटीचे दोन तुकडे व जाड कागदाचा एक तुकडा एवढे साहित्य जमा केले की, झाले.

रोल-फिल्मच्या डबीला तिचे झाकण घट्ट बसवा. डबीच्या बुडाला व झाकणाला अगदी मध्यभागी खिळा गरम करून छिद्रे पाडा. चारही डब्यांना छिद्रे पाडा. दोन डब्यांचा तळभाग एकमेकांना चिकटवा व एकूण लांबीपेक्षा जास्त लांबीचे स्पोकचे दोन तुकडे घ्या. हे दोन तुकडे दोन कमट्यांना एकमेकांपासून दूर बांधा. दुसरी कमटी स्पोकला बांधण्याच्या अगोदर प्रत्येकी दोन डब्या त्यात ओवून घ्या. ही बग्गीची चाके तयार झाली. दोन चाकांच्या मधील जागेत जाड कागद वाकवून बग्गीच्या छताचा आकार तयार करा व त्याची दोन टोके दोन कमट्यांना पक्की चिकटवून टाका. ह्या आकाराला नक्षीदार रंगीत कागद चिकटवा. कमट्यांच्या समोरच्या टोकाला ओढण्यासाठी दोरी बांधा. दोरा ओढू लागताच पाहा तुमची बग्गी कशी छान चालू लागते.

❖ ❖ ❖

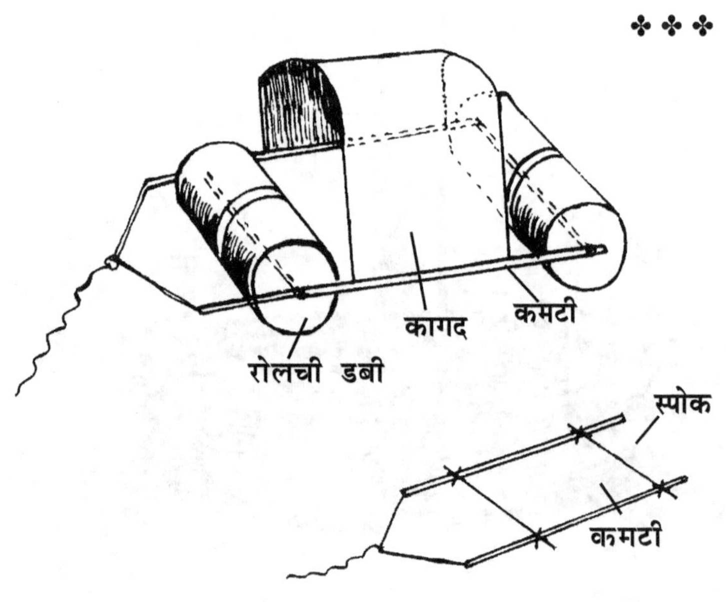

आगपेटीची बाहुली

एक रिकामी आगपेटी, आगपेटीच्या दोन काड्या, टुथपेस्टच्या ट्यूबचे एक बुच इतके साहित्य जमा केले की, ही बाहुली तयार करता येते.

आतील झाकणासहीत एक रिकामी आगपेटी घ्या. तिला उभी धरा. तिच्या वरच्या बाजूवर टुथपेस्टच्या ट्युबचे झाकण चिकटवून बसवा. ही बाहुलीची टोपी तयार झाली. पेटीच्या उभ्या बाजूला दोन छिद्रे पाडा व त्या छिद्रात आगपेटीच्या दोन काड्या आकृतीत दाखविल्याप्रमाणे बसवा.

आगपेटीची बाहुली तयार झाली. तिचे आतील खोके खालून वर दाबले म्हणजे टोपी वर येते व हात खाली जातात. आतील खोके वरून खाली दाबले म्हणजे टोपी खाली जाते व हात वर येतात.

अशाप्रकारे ही बाहुली हालचाल करते.

❖ ❖ ❖

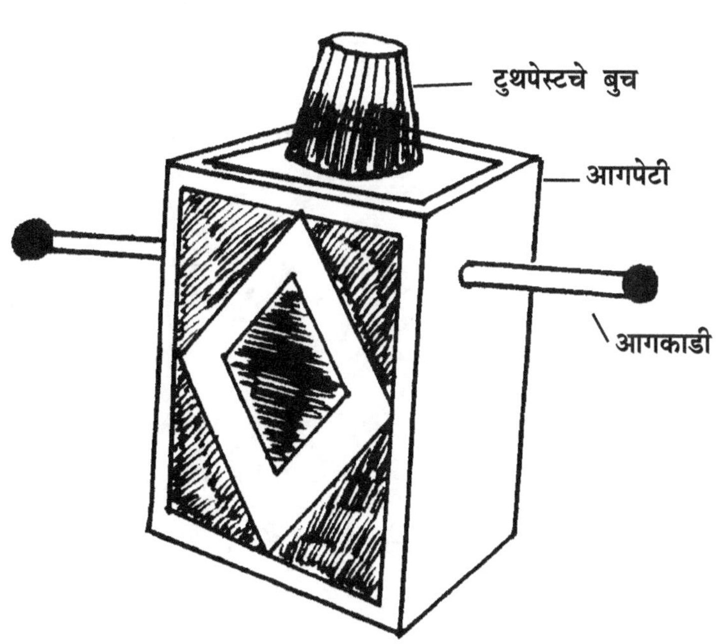

किरकिरे

हे खेळणे एका दोरीला बांधून गोफणीप्रमाणे गोल गोल फिरविले की, किर्‌ऽऽ किर्‌ऽऽ असा आवाज करते म्हणून आपण त्याला किरकिरे असे नाव देऊ.

आकृती (१) प्रमाणे पातळ पत्र्याचा त्रिकोण कापा. वरच्या टोकावर एक छिद्र पाडा. त्यात लांब दोरी बांधा. त्रिकोणाच्या पायाला गोलाकार वळवून पुंगळी तयार करा. त्या पुंगळीत बांबूची गोल कमटी घाला. ह्या कमटीच्या एका टोकात एक पत्र्याचे गोल चाक घट्ट बसवा. कमटीच्या मागचे टोक चाकूने समान दोन भागात फाकवा. ह्या फाकविलेल्या कमटीत आकृती (३) प्रमाणे जाड कागदाची घडी बसवा. ह्या घडीला दोन बाजू आहेत. त्या दोन बाजूंना एकमेकांच्या विरुद्ध दिशेने पीळ द्या. पीळ निघून बाजू सरळ होऊ नये म्हणून त्यांना गोंद लावून वाळू द्या. म्हणजे त्यांना दिलेला पीळ कायम राहील. हे कागदाचे शेपूट पंख्याचे काम करते. आता किरकिरे तयार झाले.

किरकिऱ्याला बांधलेली दोरी हातात धरून पळू लागले म्हणजे पंखा, कमटी आणि पत्र्याची चकती फिरते. ही चकती दोरीच्या पुंगळीला घासून फिरते व किर्‌ऽऽ किर्‌ऽऽ असा आवाज निघतो. पूर्वी यात्रेत अशा प्रकारचे खेळणे मिळायचे. आता दिसत नाही. आपण करून पाहायला काहीच हरकत नाही.

❖ ❖ ❖

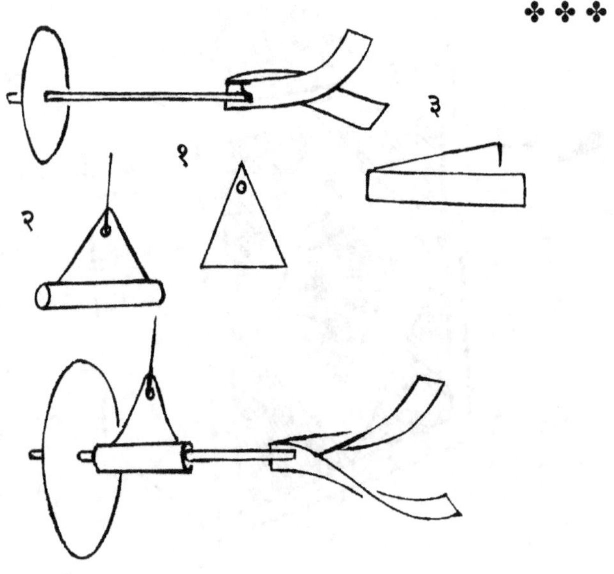

नेमबाजी

आपला नेम किती बरोबर लागतो याची परीक्षा पाहण्यासाठी हे खेळणे तयार करा.

४'' इंच लांबीची बांबूची गोल कमटी घ्या. तिचे एक टोक चाकूने टोकदार बनवा. टोकापासून किंचित मागे कमटीला लोखंडी तारेचे स्प्रिंगप्रमाणे वेढे मारा. त्यामुळे तो भाग वजनदार होईल. कमटीच्या मागच्या भागाला चिरा पाडून समान चार भाग करा. ह्या चार भागात चार पाकळ्याचे शेपूट बरोबर बसवा. शेपूट तयार करण्यासाठी जुन्या पोस्टकार्डाचे दोन त्रिकोणी तुकडे कापा. एका तुकड्याला वरून व दुसऱ्याला खालच्या बाजूने कापा व ते एकमेकांत बसवा व नंतर कमटीत बसवा.

सपाट भिंतीवर जाड थर्मोकोलचा चौकोनी तुकडा चिकटवा. त्यावर कंपासने वर्तुळे काढा. वर्तुळे काढण्यासाठी रंगीत खडू पाण्याने ओला करून काढा. तो त्यामुळे चांगला उमटतो. हे आपले टारगेट तयार झाले. ह्याच्यापासून ठराविक अंतरावर उभे राहा. उजव्या हाताच्या चिमटीत बाण आडवा पकडा. जेथे तार गुंडाळलेली आहे. त्या ठिकाणी पकडा व जोराने टारगेटच्या मध्यबिंदूकडे फेका. तो बाण जाऊन थर्मोकोलमध्ये घुसेल. तुमचा नेम किती चांगला आहे हे बाणाचे ठिकाण पाहून समजेल.

❖ ❖ ❖

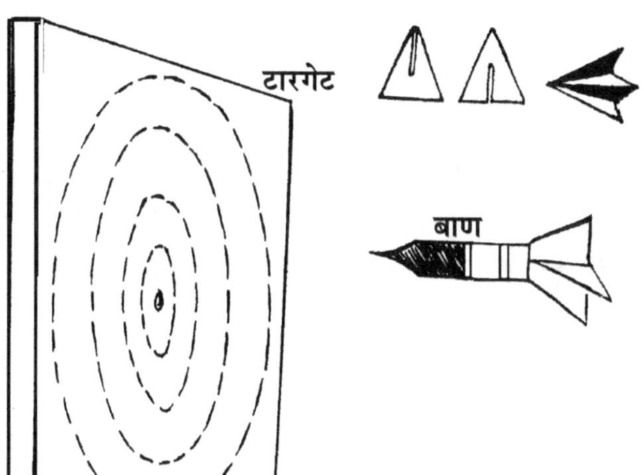

बासरी

घरात विजेची वायरिंगची फिटींग प्लॅस्टिक नळ्यामधून केलेली असते. तशा नळीचा १ फूट लांबीचा तुकडा घ्या. जाड लोखंडी खिळा गरम करून आकृतीत दाखविल्याप्रमाणे सहा छिद्रे एका बाजूला व एक छिद्र दुसऱ्या बाजूला पाडावे.

ज्या टोकाकडून एक छिद्र पाडले आहे. त्या टोकाचा भाग आकृतीत दाखविल्याप्रमाणे कापून घ्या. चापट पट्टी किंवा चाकूचे पाते गरम करून अगदी सफाईदार आकार कापता येईल.

ज्या टोकाकडून एक छिद्र पाडले आहे त्या टोकाचा भाग आकृतीत दाखविल्याप्रमाणे कापून घ्या. चापट पट्टी किंवा चाकूचे पाते गरम करून अगदी सफाईदार आकार कापता येईल.

पॉलीश पेपर किंवा कानसीने घासून छिद्रे गुळगुळीत करून घ्यावी. ह्या नळीत अगदी घट्ट बसेल असा नरम लाकडाचा दंडगोलाकृती तुकडा घ्या. त्याला कानसीने घासून त्याचा आकार आकृतीत दाखविल्याप्रमाणे करा. त्याचा वरचा भाग घासून चापट करा. त्याला नळीच्या टोकात बसवून छिद्रापर्यंत आत लोटा. त्याचा संपूर्ण भाग नळीला घट्ट चिकटतो, पण वरचा पृष्ठभाग सपाट केल्यामुळे तो नळीला टेकत नाही. त्यातून फुंकले असता हवा आत जाते. काही हवा नळीत जाते व काही हवा छिद्रातून बाहेर जाते व त्यातून ध्वनी तयार होतो. सहा छिद्रावर हाताची बोटे ठेवून ती वर-खाली केली असता अलग अलग ध्वनी निघतात. आवाज बरोबर निघत नसेल तर नळीच्या छिद्राचा काठ किंचित तिरपा घासून घ्यावा.

❧ ❧ ❧

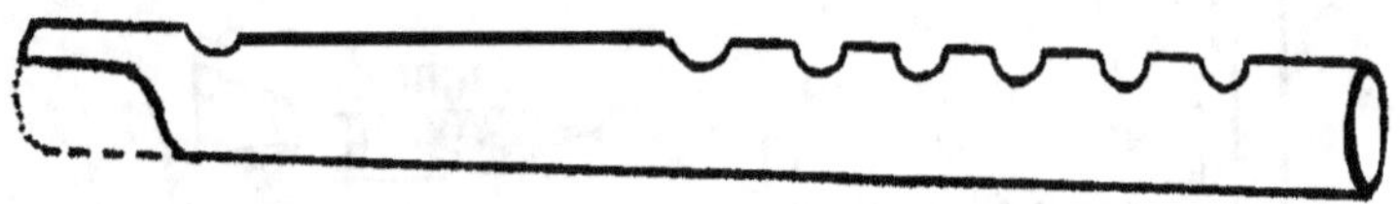

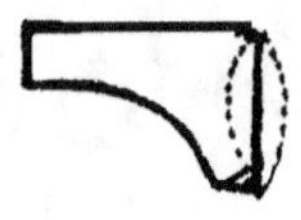 लाकडाचा तुकडा

पिचकारी

होळीच्या सणाला एकमेकांच्या अंगावर रंग उडविण्यासाठी ह्या पिचकारीचा उपयोग करता येईल. पाण्याच्या नळाचा प्लॅस्टिक पाईप असतो. तशा पाईपाचा १ ते १ फूट लांबीचा तुकडा घ्या. त्याला बसणारी प्लॅस्टिकची झाकणे घ्या. सायकलचा स्पोक किंवा दाभण गरम करून एका झाकणाला मध्यभागी छिद्र पाडा. ते झाकण नळीच्या एका टोकाला घट्ट बसवून द्या. दुसऱ्या झाकणाला पेन्सिल सहज जाईल असे गोल छिद्र पाडा. ह्या छिद्रातून अगदी सहज आत बाहेर होईल अशी गोल बांबूची कमटी घ्या. ही कमटी चापट नसून गोल असावी व तिची लांबी २ फूट असावी.

ह्या कमटीच्या एका टोकाला १-१ १/२ इंच रुंदीची कापडी पट्टी गुंडाळावी. कापडी पट्टी लांब असावी. तिचे अनेक वेढे एकावर एक देऊन नळीत घुसू शकेल असा दट्ट्या बनवावा. पट्टी गुंडाळताना पाण्याने ओली करून घ्यावी म्हणजे घट्ट गुंडाळता येते. शेवटी तिच्यावर मजबूत पण बारीक दोऱ्याने घट्ट आडवे तिडवे वेढे मारून पक्के बनवावे. हा दट्ट्या नळीत घालावा. बांबूची कमटी दुसऱ्या झाकणात घालून झाकण नळीला घट्ट बसवावे. कमटीच्या बाहेरच्या टोकाला कापडी पट्टीचे वेढे गुंडाळून मूठ बनवावी. पिचकारी तयार झाली. तिचे खालचे टोक पाण्यात बुडवून दट्ट्या वर ओढा व टोक पाण्याच्या बाहेर काढून दट्ट्या जोराने दाबा. पाहा पाण्याचा फवारा किती लांब जातो?

✤✤✤

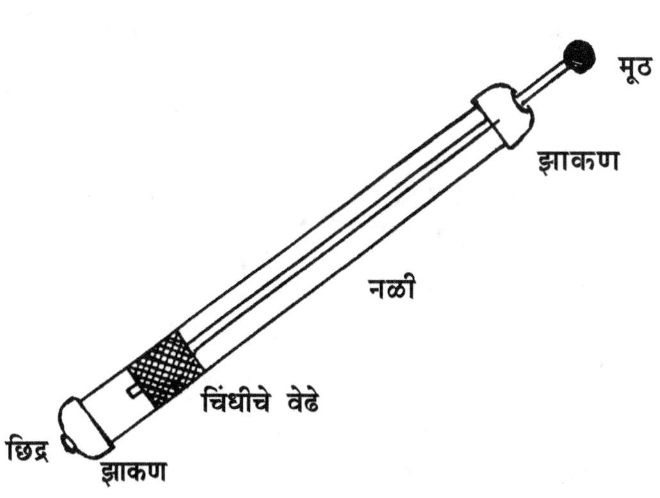

नाचणाऱ्या बाहुल्या

अगदी सहज गप्पा मारता मारता हे खेळणे तयार करता येते व मुलांना खेळण्यास देता येते.

त्यासाठी एक रिकामी आगपेटी घ्या. आगपेटीच्या सहा काड्या घ्या. एका उभ्या काडीला आकृतीत दाखविल्याप्रमाणे दोन काड्या आडव्या बांधाव्या. बांधण्यासाठी बारीक दोरा वापरावा. म्हणजे बाहुलीचा आकार तयार होईल. अशा दोन बाहुल्या तयार करा.

रिकाम्या आगपेटीचे खोके आत पूर्ण बसवा. पेटीच्या आडव्या बाजूकडून पेटीला खिळ्याने छिद्र पाडा. हे छिद्र आतील खोक्याला सुद्धा पडले पाहिजे. नंतर ह्या छिद्रात तयार केलेल्या दोन बाहुल्याच्या काड्या दाबून बसवा. आता आपले खेळणे तयार झाले.

आगपेटी हातात धरून एका बोटाने आतील खोके उजवीकडे लोटा. बाहुल्या डावीकडे तिरप्या होतील. खोके डावीकडे लोटले तर बाहुल्या उजवीकडे कलतील. अशा प्रकारे खोके एक वेळ डावीकडे, एकवेळ उजवीकडे लोटून बाहुल्यांना नाचते ठेवता येईल.

✤ ✤ ✤

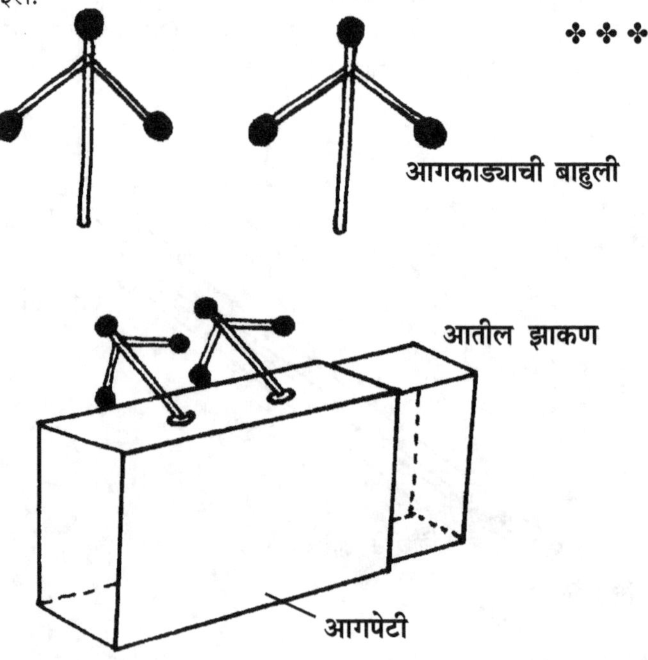

फिरणारे झुंबर

दोन आगपेट्या एकमेकांत बसवून त्यांना जोडून घ्या. त्यांना ठरविक अंतरावर समांतर छिद्रे पाडून त्यात सायकलच्या चाकाचे स्पोकचे तुकडे घाला. सलाईनच्या शिशीची चार रबरी बुचे घेऊन त्या स्पोकच्या तुकड्यात बसवा. म्हणजे चार चाकाची गाडी तयार होईल.

एक मोठी लांब सुई घ्या. एका चाकाजवळ आगपेटीला फक्त वरच्या भागाला छिद्र पाडून त्यात उभी करा. ह्या सुईत सलाईनच्या शिशीचे रबरी बुच बसवा. सुई उभी असल्याने तिच्यातील बुच आडवे असेल ते गाडीच्या चाकावर टेकेल इतके खाली आणा. उभी सुई हलू नये म्हणून जाड कागदाची पट्टी छिद्र पाडून आकृतीत दाखविल्याप्रमाणे बसवा. त्यामुळे सुई डगमग करणार नाही. कारण तिला दोन ठिकाणी आधार मिळाला आहे. सुईच्या वरच्या टोकात छत्रीच्या आकाराचे झुंबर लावा. त्याला दोरे बांधून त्यात रंगीत मणी बसवा.

गाडीच्या समोरच्या बाजूला ओढण्यासाठी जाड दोरा बांधा. दोरा ओढू लागताच गाडी चालू लागते. तिच्या एका चाकावर टेकलेले आडवे चाक फिरू लागते व सुई आणि झुंबर सुद्धा गोल गोल फिरते.

गाडीला रंगीत कागद चिकटवून शोभिवंत करता येते.

❖❖❖

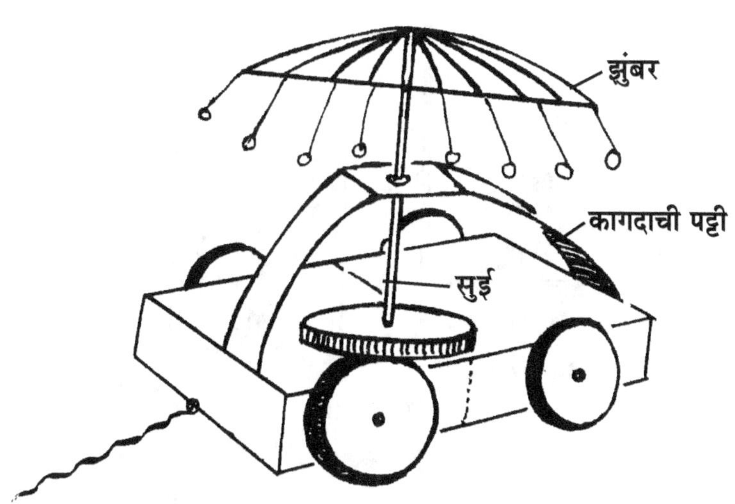

कोलांटी उडी मारणारा

पातळ पुठ्ठ्यापासून बाहुलीचा आकार कापून घ्या. त्याच्या मागच्या बाजूने त्याला एक पोकळ नळी बसवा. चिकटपट्टीने चिकटवून टाका. ह्या नळीत सायकलचा स्पोक घाला. व त्याला चार ठिकाणी काटकोनात वाकवून आयात तयार करा. स्पोकची दोन टोके जेथे एकावर एक येतील तेथे ती कापून टाका व जोडाभोवती बारीक दोऱ्याने घट्ट बांधा. बाहुलीचे वजन पायाकडे जास्त असावे म्हणजे ती सरळ उभी राहील.

एक प्लॅस्टिकचा पाईप घ्या. खिळा गरम करून त्याला दोन छिद्रे पाडा. छिद्राच्या मधील जागेत स्पंजचे तुकडे भरा व पाडलेल्या छिद्रात दोन गोल कमट्या सारख्या उंचीच्या उभ्या बसवा. पाईपाच्या दोन तोंडात दोन लाकडाचे गोल तुकडे सैलसर बसवावे. कमटीच्या वरच्या टोकावर दोन खुणा करा. तेथे दोन दोरे बांधा. तारेची चौकट घ्या. कमटीचा वरचा दोरा चौकटीला (२) ह्या ठिकाणी व खालचा दोरा (१) ह्या ठिकाणी बांधा. तसेच दुसऱ्या कमटीचा वरचा दोरा चौकटीला (४) ह्या ठिकाणी व खालचा दोरा (३) ह्या ठिकाणी घट्ट बांधा. चौकट दोन कमट्यांच्या मध्ये टांगल्या गेली. पाईपाच्या तोंडात बसविलेले लाकडी तुकडे आत दाबले की तारेची चौकट वर जाते व पलीकडे पडते. पुन्हा दाबले की, अलीकडे येते. अशा प्रकारे बाहुली कोलांटी उडी मारत राहते.

❖❖❖

गमतीदार डबा

पातळ पुठ्ठ्यापासून २"x२"x२ या मापाचे चार खोके तयार करून घ्या. त्यांच्यावर बाहेरून पांढरा कागद लावून घ्या. आकृतीत दाखविल्याप्रमाणे सर्व खोकी शेजारी शेजारी एकमेकांना चिकटवून ठेवा. सर्व खोकी जोडल्यावर एकमेकांना काटकोन करणाऱ्या जोडांच्या दोन रेषा तयार होतील. त्यापैकी १ व २ ही खोकी जाड कागदाने एकमेकांना जोडा. त्याचप्रमाणे ३ व ४ ही खोकी जोडून घ्या. हीच क्रिया खालच्या बाजूने करावयाची आहे, पण जोडताना मात्र थोडा बदल करावयाचा आहे. २ व ४ ही जोडी जोडावयाची आहे तसेच १ व ३ ही जोडी जोडावयाची आहे. ह्यांना नंतर वाळू द्यावे.

आता ह्या चार खोक्यांचा डबा हातात धरून मोडला की मोडल्या जातो. खालच्या बाजूने मोडला की मोडल्या जातो. खोके एकमेकांना चिकटविलेले असले तरी डबा मोडल्या जातो ही गमतीदार गोष्ट तुमच्या मित्रांना अवश्य दाखवा.

❖ ❖ ❖

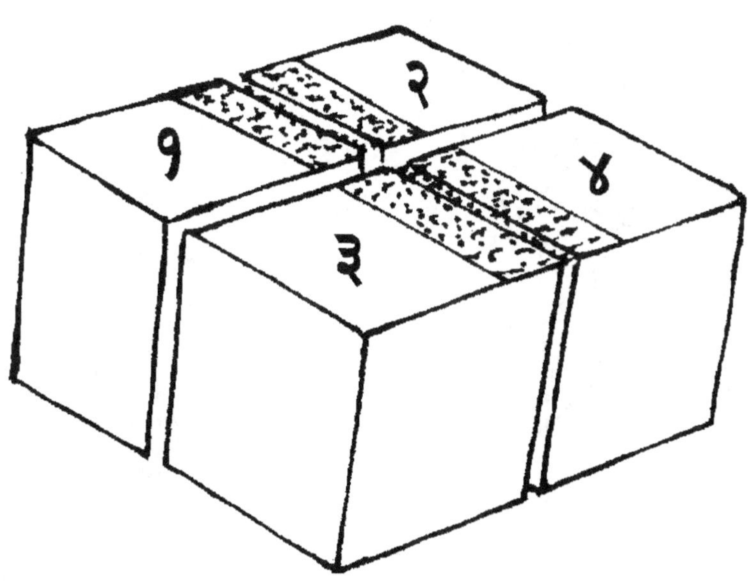

आगपेटीचे भिरभिरे

एक रिकामी आगपेटी घ्या. तिच्या रुंदीच्या बाजूवर समोरासमोरील कोपरे जोडणारी एक रेषा ओढा. दुसऱ्या बाजूवर अशीच रेषा ओढा. दोन्ही रेषांची दिशा एकमेकींच्या विरुद्ध असावयास हवी. कोपऱ्यापासून थोडे अंतर सोडून ह्या रेषांवर ब्लेडने कापा. ह्या कापलेल्या रेषेत पोस्टकार्डाची पट्टी बसवा. पट्टीची लांबी ३ इंच तरी असावयास हवी. आगपेटीचा मध्यबिंदू काढून तेथे जाड सुईने आरपार छिद्र पाडा. ह्या छिद्रात बारीक सुई घालून हवेच्या दिशेने भिरभिरे धरा. छान फिरू लागेल.

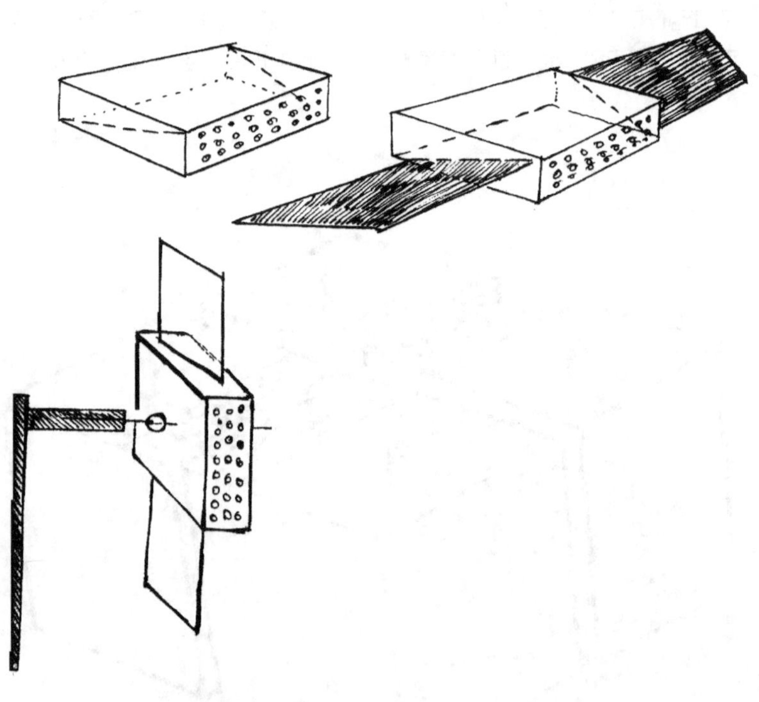

पुठ्ठ्याचा भोवरा

पातळ पुठ्ठ्यापासून ३ सें. मी. त्रिज्येचे वर्तुळ कापून घ्या. आकृतीत दाखविल्याप्रमाणे त्याचा त्रिकोणी भाग कापून टाका. दोन्ही टोके एकमेकांना चिकटवून घ्या. शंकूचा आकार तयार होईल. ह्या शंकूचा परीघ जेवढा असेल तेवढे एक वर्तुळ अलग कापून घ्या. त्याचा मध्यबिंदू निश्चित करून तेथे बारीक छिद्र पाडा. हे वर्तुळ शंकूला चिकटवून टाका.

बांबूची बारीक काडी गुळगुळीत गोल करा. तिच्या एका टोकाला बारीक टोक तयार करा. ही काडी शंकूच्या वरच्या भागातून घालून खालच्या टोकातून किंचित बाहेर काढा. हा भोवरा फिरविण्यासाठी हातात धरण्यास योग्य लांबी ठेवून बाकीची बांबूची काडी कापून टाका. जोडाच्या ठिकाणी फेव्हीकॉल लावा. म्हणजे काडी घट्ट बसेल.

आता हा भोवरा टेबलावर फिरवा.

❖ ❖ ❖

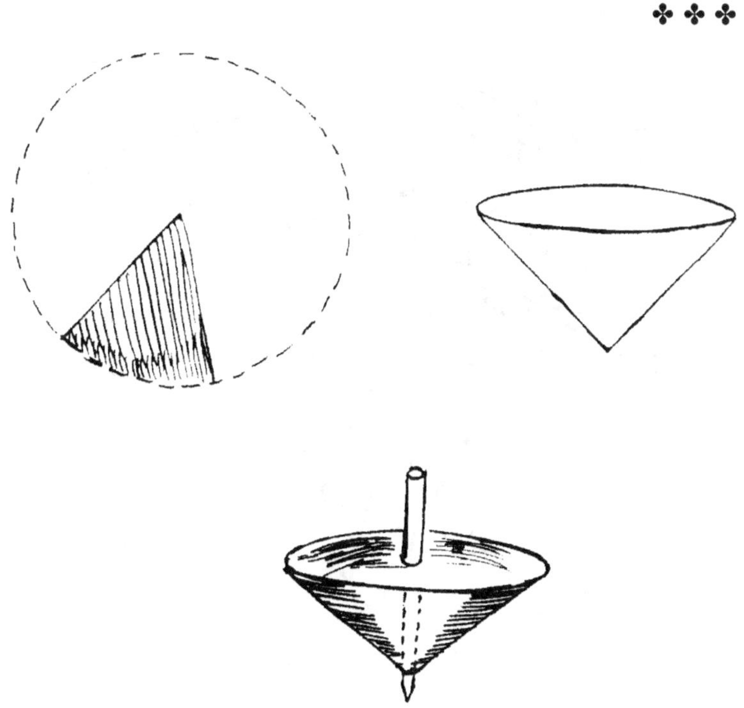

लेटर बॉक्स

डास पळवून लावण्यासाठी आपण कासव छाप, गुडनाईट, मॅक्सो आणि इतर प्रकारच्या मच्छर अगरबत्त्या आणतो. त्या वापरल्यानंतर त्यांची रिकामी खोकी आपण फेकून देतो. ती फेकून देऊ नये. त्यापासून सुंदर लेटर बॉक्स तयार करता येतो.

ह्या खोक्याला बंद करून त्याला बाहेरून पांढरा कागद लावावा. खोक्याचे वरचे तोंड कापून काढून टाकावे. जाड त्रिकोणी पुठ्ठ्याचा तुकडा वरच्या बाजूला चिकटवावा. त्याला खिळ्यात अडकविण्यासाठी गोल छिद्र पाडावे.

खोक्याच्या समोरच्या बाजूवर मासिकातील रंगीत फुलांचे आकार कापून चिकटवावे. लेटरबॉक्स तयार झाला. भिंतीवरील खिळ्यात त्याला अडकवून ठेवा.

❀ ❀ ❀

फिरणारे वलय

जुन्या पोस्टकार्डाला कोणताही रंग लावून रंगीत बनवावे. त्यावर कंपासने ३ सें. मी. त्रिज्येचे वर्तुळ काढावे. हे वर्तुळ कैचीने कापून अलग करावे. आकृतीत दाखविल्याप्रमाणे परिघापासून हळूहळू केंद्रबिंदूकडे जाणारी रेषा त्यावर काढा. ह्या रेषेवर कैचीने कापा. केंद्रबिंदूच्या ठिकाणी एक बारीक दोरा बांधा. वजनामुळे ते वलय लोंबकळेल. हा दोरा खिडकीत टांगा. हवा आली की, वलय छान फिरू लागेल. निरनिराळ्या रंगाची अशी वलये खिडकीत टांगून घ्या. दिवसभर ती उलट सुलट फिरत राहतील.

❖ ❖ ❖

जादूचा साप

आईस्क्रिम खाण्यासाठी वापरतात तसे सारख्या आकाराचे लाकडी चमचे जमा करा. कंपासच्या टोकाने प्रत्येक चमच्याला तीन छिद्रे पाडा. दोन्ही टोकाजवळ एक एक आणि चमच्याच्या मध्यभागी एक अशी छिद्रे पाडा. जाड दोऱ्याला गाठ पाडा. हा दोरा चमच्याच्या मध्यभागी असलेल्या छिद्रात घाला. त्यावर दुसऱ्या चमच्याने छिद्र ठेवून त्यातून दोरा बाहेर काढा व घट्ट गाठ पाडा. बाकीचा दोरा तोडून घ्या. अशाच प्रकारे छिद्रावर छिद्रे ठेवून सर्व चमचे आकृतीत दाखविल्याप्रमाणे एकमेकांना जोडून घ्या. ही एक साखळीच तयार होईल. तिच्या एका टोकाला पातळ पुठ्ठ्याचे सापाचे डोके बसवा.

शेपटाकडील दोन चमचे एकमेकांकडे दाबले की सापाची लांबी वाढते. ती टोके दूर केली की, सापाची लांबी कमी होते. शेपूट दाबून सापाचे डोके मागे-पुढे होते व जादूचा साप हालचाल करतो असे दिसते.

❀ ❀ ❀

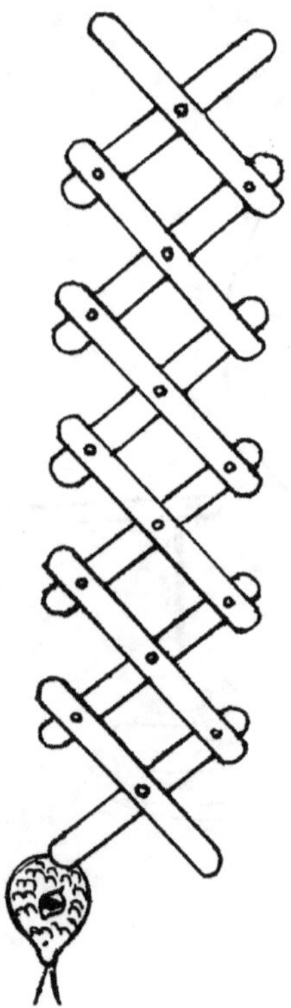